U0514988

本书由国家社科基金重大项目"人工认知对自然认知挑战的哲学研究"（21&ZD061）

山西省"1331 工程"重点学科建设计划

山西大学"双一流"学科建设规划

资助出版

认知哲学文库

丛书主编 / 魏屹东

认知现象学的
不可还原解释

A NON-REDUCTIVE ACCOUNT
OF COGNITIVE PHENOMENOLOGY

杜雅君　　著

社会科学文献出版社
SOCIAL SCIENCES ACADEMIC PRESS (CHINA)

文库总序

认知（Cognition）是我们人类及灵长类动物的模仿学习和理解能力。认知的发生机制，特别是意识的生成过程，迄今仍然是个谜，尽管认知科学和神经科学取得了大量成果。人工认知系统，特别是人工智能和认知机器人以及新近的脑机接口，还主要是模拟大脑的认知功能，本身并不能像生物系统那样产生自我意识。这可能是生物系统与物理系统之间的天然差异造成的。而人之为人主要是文化的作用，动物没有文化特性，尤其是符号特性。

然而，非生物的人工智能和机器人是否也有认知能力，学界是有争议的。争议的焦点主要体现在理解能力方面。目前较普遍的看法是，机器人有学习能力，如机器学习，但没有理解能力，因为它没有意识，包括生命。如果将人工智能算作一种另类认知方式，那么智能机器人如对话机器人，就是有认知能力的，即使是表面看起来的，比如 2022 年 12 月初开放人工智能公司（Open AI）公布的对话系统 Chat GPT，两个 AI 系统之间的对话就像两个人之间的对话。这种现象引发的问题，不仅是科学和工程学要探究的，也是哲学要深入思考的。

认知哲学是近十多年来新兴起的一个哲学研究领域，其研究对象是各种认知现象，包括生物脑和人工脑产生的各种智能行为，诸如感知、意识、心智、自我、观念、思想、机器意识，人工认知包括人工生命、人工感知、人工意识、人工心智等。这些内容涉及自然认知和人工认知以及二者的混合或融合，既极其重要又十分艰难，是认知科学、人工智能、神经科学以及认知哲学面临的重大研究课题。

"认知哲学文库"紧紧围绕自然认知和人工认知及其哲学问题展开讨

论，内容涉及认知的现象学、符号学、语义学、存在论、涌现论和逻辑学分析，认知的心智表征、心理空间和潜意识研究，以及人工认知系统的生命、感知、意识、心智、智能的哲学和伦理问题的探讨，旨在建构认知哲学的中国话语体系、学术体系和学科体系。

"认知哲学文库"是继"认知哲学译丛""认知哲学丛书"之后的又一套学术丛书。该文库是我承担的国家社科基金重大项目"人工认知对自然认知挑战的哲学研究"（21&ZD061）系列成果之一。鉴于该项目的多学科交叉性和研究的广泛性，它同时获得了山西省"1331 工程"重点学科建设计划和山西大学"双一流"学科建设规划的资助。

魏屹东

2022 年 12 月 12 日

内容提要

认知现象学以认知经验为研究对象，目的是为认知经验的现象特征提出一种不可还原为知觉经验及其现象特征的解释。在当代心灵哲学对意识本质的纵深挖掘以及心灵哲学与现象学的融合趋势下，充分解释意识经验就成为题中之义。与知觉经验的广受重视相比，对意识经验的分析往往忽视了认知经验，而认知现象学则着重于对认知经验及其现象特征的分析。这一讨论主要由三个核心问题构成：认知是否具有独特现象学的存在问题、认知现象学能否还原为知觉现象学的还原问题以及认知的现象特征与意向特征如何相关的意向性问题。按照对现象特征范围的不同界定，限制论赋予知觉及其现象特征以原初性，并由此构成了独特的知觉现象学；扩展论则将现象特征从知觉延伸到认知，肯定认知经验的现象特征。在此基础上，不可还原解释重新反思认知经验及其与知觉经验的关系，并从多个维度推进对认知现象学的深入和拓展。

首先，不可还原解释通过引入内省的直接自明解释认知经验的独特性、专有性和个别性，但内省自身的不可靠性削弱了论证的说服力。其次，利用现象对比考察现象差异的方式，分别设想了纯粹的、假设的、注释的三种情形，从逻辑上为认知现象学开辟了解释空间。再次，从现象特征与意向特征相融合的现象意向性角度，说明意向内容凭借现象特征才能进入认知经验。最后，基于传统现象学中意向性、内省的概念以及第一人称的审视，联合具身认知中的现象身体，通过朝向生活世界的方法克服认知主体与客体的对立局面，从而展现认知现象学的可能路径。此外，认知现象学在提升认知经验的重要性的同时，既展现出了对意识难问题、符号入场问题、身体意识和自我意识的相关理论的启发意义，也表现出了向注意的、情绪的现象学扩展的可能。

‖ 目 录 ‖

‖ Contents ‖

导　论

一　选题的缘起与意义

意识一直是心灵哲学的主题，也是认知科学哲学关注的对象。早期的祭祀活动、图腾文化所表达的灵魂现象，反映了人们从神话角度对意识的理解；17世纪中叶到19世纪末，心理学家、哲学家对意识与思维进行同一化解读，促使意识与身体对立的二元倾向形成；发端于20世纪的现象学强调意识经验的逻辑结构，将意识的研究扩展到思维之外，并逐步确立了与身体的相关性；在当代跨学科交融的背景下，心理学、认知科学、心灵哲学、人工智能等学科使用不同方法推进对意识的研究，使关于意识的物理主义解释成为主流。随着认知科学的迅猛发展，我们对意识问题的理解也在深化，特别是物理主义在面对意识经验的主观方面遇到了困难，使得人们开始反思意识的本质。

在意识研究中最具代表性的是查默斯（D. Chalmers），他依据难易程度对意识研究中的问题进行划分①。按照认知科学的一般方法，计算主义、联结主义所解决的只是意识的易问题；但对现象意识的解释不符合具有科学标准的解释逻辑，而使其变成意识的难问题。难问题真正关切的是现象意识，即为什么有意识经验具有质性或现象特征。由于各种不同状态都与意识有关，当且仅当主体具有感受时，该状态方能称为现象意识状态。这种现象意识状态是从大脑的物理过程、生物过程角度所无法解释的，因而

---

① 高新民、储昭华主编《心灵哲学》，商务印书馆，2002，第360~395页。

属于意识难问题的范畴。对此，查默斯给出了他的诊断：认知科学旨在识别意识的功能特征，并揭示实现其功能的机制，但现象意识的非功能性抗拒着这种解释。换言之，无论认知科学的解释策略如何变化，都难以突破其自身的范式限制，也就无法从根本上解释现象意识，从而使之成为一个难题。从这一方面来说，难易之分所针对的并不是某个具体的解释模型，而是其理论架构的预设所存在的缺陷。

沿着这一基本思路，莱文（J. Levine）指明了物理主义在解释现象意识时面对的天然鸿沟①。奉行科学至上的物理主义对解释意识的物理相关物具有重要价值，但它无法说明物理大脑如何能够产生非物理的现象意识。这不仅引起了对意识科学的反思，还影响了意识的形而上学架构。物理主义揭示出了非物理属性的现象意识，从侧面肯定了副现象论和泛心论的意识观。副现象论认为现象意识只是物理属性的附带效应，其影响可忽略不计，但它在解释意识的功能以及进化等方面遇到了困难；泛心论则肯定现象意识的普遍性和广泛性，但同时带有将现象意识泛化的嫌疑。此外，类型同一论通过将现象意识还原为物理活动的一种类型，变相地为物理主义辩护。在此之后，较为乐观的情况是将现象意识纳入自然秩序之中，其中最为独特的当属塞尔（J. Searle）的生物自然主义解释，它将意识视为与消化、生长、光合作用具有同等意义的生物现象②。诚然，这些探索在一定程度上为意识的科学解释带来了更积极的前景，却也加深了人们对意识之难的觉知。

在对现象意识的讨论中，一个合理解释包含对两个核心问题的解答：一是有意识状态何以可能，这是涉及现象意识的本质问题；二是如何区别不同的有意识状态，这是关乎现象意识的特征问题。物理主义解释只能说明与意识相关的物理事实，而不能触及主体所经验到的现象意识，也没有排除僵尸主体的可能性。因而，现象意识所蕴含的主观性导致了解释意识问题的困难。追问主体对所处状态有无意识，即是在追问主体对意识状态

---

① J. Levine, "Materialism and Qualia: The Explanatory Gap," *Pacific Philosophical Quarterly* 64 (1983): 354 – 361.

② 〔美〕约翰·塞尔：《心灵导论》，徐英瑾译，上海人民出版社，2008，第43页。

觉知与否，而具有主观意识正是人有别于僵尸的根本所在。这样一来，物理事实的客观性与意识的主观性之间，似乎存在着第一人称和第三人称的鸿沟。即使描述出了主体的物理事实，但主体拥有什么样的经验，仍然是一个有待解决的问题。因而，对于现象意识的解释仍是有难度的、尚无定论的。这一问题的开放性也正是其魅力所在，它推动着学界对意识的深入研究。

一般而言，对"现象意识"的界定存在两种方式：一种是借助同义词，将现象意识等同于有意识经验，该经验的特征即为现象特征，该经验的状态是现象意识状态；另一种是利用更形象的例证予以说明，例如当感觉到疼痛时，主体就处于现象意识状态。这两种界定方式的共同之处在于，身处于经验之中的主体对该经验有独特感受，并与不同经验主体共享着特定的现象特征。而对现象特征的分析，主要涉及现象意识与意向性的关系问题。现象意识表示的是主体对意识活动的觉知，意向性表示的是主体的意识活动的指向性。二者的关系经历了同一、分离到再度融合的过程。以笛卡尔、布伦塔诺等为主要代表的传统理论主张将现象意识与意向性合二为一，意向性中包含现象意识；行为主义、功能主义则割裂了现象意识与意向性之间的关联，相对孤立地展开对二者的分析，尤其侧重于对意向性的考察。这种倾向随着对现象意识的重视有所改变，对现象意识和意向性之间关系的重新考量集中体现为考察现象意识与表征的关系问题，如知觉经验的表征内容、现象意识的高阶表征。

当代心灵哲学中关于现象意识与意向性的关系，主要存在两种对立立场。第一种是意向主义与现象主义的对立。意向主义聚焦于现象意识中的知觉经验，认为现象意识完全是意向的、表征的，表征内容的事实决定了其现象特征的事实。换句话说，意向主义意味着将现象特征附随于表征内容。现象主义反对这种附随论，提出颠倒光谱的思想实验以说明相同表征内容可能具有不同的现象特征。第二种是一阶意识理论和高阶意识理论的对立。一阶意识理论认为，特定的一阶条件是现象意识的充要条件，并借此否定高阶表征的必要性。与之相反，高阶意识理论主张利用高阶表征分析现象意识。然而，这两类立场之间又非决然对立，一阶意识理论与高阶意识理论可能分别呈现出意向主义或现象主义倾向。由此可见，关于现象意识与意向性关系的探讨，恰恰折射出二者的紧密关系。意向状态表征外部对象，现象意识状态则传达主体对外部对象的感受，对现象意识的充分解释与意向特征有关，对意向特征的充分解释也离不开现象特征。

除此之外，在理解现象意识时，引发了究竟哪些状态属于现象意识状态、如何对该状态予以描述的讨论。通常，有意识的心理状态包括有意识的知觉状态和有意识的认知状态，并用指向性的意向特征和感受性的现象特征予以刻画。有意识的知觉状态和有意识的认知状态都可能兼具意向特征和现象特征，而传统物理主义对两种特征非此即彼的划分，使得意识难问题难上加难。对此，反对割裂现象特征与意向特征的声音不断高涨。当我们处在现象意识状态时，不仅对该状态是有意识的，还明确感受到该状态所具有一些质性，这无疑彰显了意识与质性、意向特征与现象特征的紧密相关。这一趋势不仅掀起知觉领域的波澜，出现了黑白玛丽、颠倒光谱的思想实验；也渗透在认知领域中，出现了对思维经验的现象意识与现象特征之间关系的讨论，由此形成了对认知状态中意向特征与现象特征的相关性问题的讨论。

无论是现象主义与意向主义还是一阶意识理论与高阶意识理论，在对现象特征与意向特征之间孰重孰轻的分析中，都以知觉经验为主要对象。诚然，知觉经验是现象意识的基本形式，不仅包括听觉、嗅觉、触觉、味觉等感觉，痒、痛、饿、困等身体经验，还包括绝望、恐惧、焦虑等情绪情感经验。也就是说，形式各异的知觉经验都具有独特的现象特征。由此，传统心灵哲学形成了较为注重对知觉经验的分析，而忽视认知经验的现象特征。因而，当代心灵哲学中出现了与认知活动相关的现象意识的讨论，并形成了以认知现象学为主题的研究分支，主要涉及认知的现象意识与知觉的现象意识、认知的现象意识与认知的意向性之间的关系。这两种关系问题通常被表述为两个还原问题，即认知的现象学能否还原为知觉的现象学、认知的现象学能否还原为认知的意向性。可以看出，认知现象学既延续了对现象意识与意向性关系问题的探讨，又对现象意识本身进行了拓展。因而，对认知现象学相关问题展开全面、系统的探讨，不仅是对当代心灵哲学前沿话题的深入挖掘，也有助于进一步扩展心灵哲学的研究视域。

二　核心概念界定

认知现象学发端于现象学与心灵哲学的融合趋势，这一融合趋势不仅体现为对共同问题的关注，也体现为不同思想传统对核心概念的重新解读。当代心灵哲学对"现象学"概念的理解呈现出三个特点：一是侧重于胡塞尔对意识的经验维度的分析，从胡塞尔的"现象学"概念中引入第一人称和意向性；二是在分析经验的主观特性时，对"现象学"概念的内涵和外延予以修正，使之区别于相关概念表达；三是以经验维度的分析为依据，分别从意识和意向性出发，拓展出了现象意识和现象意向性。这三个特点通过"现象学"概念的引入、修正和拓展得以展现，反映了现象学与心灵哲学融合的可能性，并集中体现在胡塞尔现象学与当代心灵哲学融合进路中"现象学"概念的变化上，这也直接关涉到认知现象学中的核心概念。

面对意识的本质问题，胡塞尔现象学从第一人称方法出发，阐释意识经验的本质及其关系；当代心灵哲学由自然科学方法引导，走向物理主义的本体论。一直以来二者各自为政，分别居于欧陆现象学传统和英美分析哲学传统之下，直到20世纪末，方才逐渐呈现出由对立走向对话的趋势。其原因在于，一方面，物理主义对意识的解释主要涉及客观方面，而在主观质性方面的捉襟见肘导致了意识的难问题，尝试引入现象学以摆脱这一困境；另一方面，现象学与心灵哲学共同关注意识、意向性等方面，意识现象本身的复杂性决定了融合的必要性。在这双向融合的过程中，在将胡塞尔的"现象学"引入当代心灵哲学的过程中，有些概念是比较模糊的，因而有必要予以澄清。首先，当代心灵哲学主要引入了胡塞尔现象学的经验之维，特别是其中对第一人称方法和意向性的分析，并将此归纳为"现象学"。而根据胡塞尔的"现象学"概念，意识包括经验维度和先验维度。对先验之维的忽视，是一种狭义的概括。其次，当代心灵哲学在使用"现象学"概念时，将之与意义相近的"感觉为何""感受质"混淆，通常表现为不同概念的通用或同义。最后，现象学以第一人称的意识和意向性为根基，当代心灵哲学则将"现象学"的概念予以扩展，发展出了极具融合特色的现象意识和现象意向性两个概念。

（一） 当代心灵哲学对胡塞尔的"现象学"概念的引入

"现象学"的词源是希腊文"phainomenon"，意为表象、现象。从字面上看，现象学是一门研究现象的学说。对现象的分析，所关涉的是个别与一般、现象与本质的关系问题，关于这些问题的探讨在哲学史上表现为：毕达哥拉斯提出数本原论，巴门尼德提出存在论，柏拉图提出理念论，亚里士多德提出实体论；在中世纪呈现为唯名论与唯实论之争；在近代则凸显为经验论与唯理论之争，二者分别将感觉和观念作为知识的起点①。康德的知识论弥合了现象与本质、经验与理性之间的鸿沟，将直观的纯形式和知性的纯范畴结合起来，但这一结合直到胡塞尔的现象学才得以实现。因而，以现象学派的创始人胡塞尔为例，可一窥"现象学"的原初意义。

在胡塞尔使用"现象学"一词之前，18世纪末19世纪初的哲学著作如兰贝尔特的《新工具》就用"现象学"表示一种关于表象的理论，认为感觉表象是经验知识的基础；受此启发，康德、费希特将现象学理解为分析事物显现方式的科学。黑格尔的《精神现象学》则较为明显地使用了"现象学"一词，黑格尔也因此被视为现象学的先驱②。尽管"现象学"概念已多次出现，但真正激发胡塞尔使用此词的是布伦塔诺。布伦塔诺以意向性特征为标准，划分了心理现象与物理现象，确立了以心理现象为研究对象的心理学③。随后，他使用了"现象学"一词来刻画描述心理学的特征，这直接促成胡塞尔现象学的确立。也就是说，胡塞尔发展了布伦塔诺的描述心理学，他强调分析主观的心理活动或经验类型与客观的意识内容并重，在整合客观的意向对象和主观的意识行为后通向了现象学。

胡塞尔的现象学开始于为数学寻找逻辑学基础的过程。他从将其基础归于心理学走向批判心理主义，认为强调概然性、经验性、主观性的心理学无法解释强调确然性、先天性、客观性的逻辑学。心理学所探讨的是意识活动，而逻辑学则以意识活动为对象。他试图透过经验的心理现象看到

---

① 张祥龙：《现象学导论七讲：从原著阐发原意》，中国人民大学出版社，2011，第5～18页。
② 〔爱尔兰〕德尔默·莫兰：《现象学：一部历史的和批评的导论》，李幼蒸译，中国人民大学出版社，2017，第6页。
③ 〔德〕弗兰兹·布伦塔诺：《从经验立场出发的心理学》，郝亿春译，商务印书馆，2017，第77～105页。

更深层次的本质，创立一种通往逻辑基础的认识方法。为此，他独创性地提出了本质直观，这"意味着一种在反思中进行的、对意识本质要素及这些要素之间的本质联系的直接直观把握"①。这一方法沟通了现象与本质，以直面自身显现的方式，直观把握到的现象显现着本质。因而，从方法上理解现象学，可以说现象学是通过本质直观抵达意识本质结构的科学。本质直观也基本成为现象学家的共识，并在广义上等同于现象学方法。

除了本质直观，理解胡塞尔现象学的另一关键是对意识本身的分析。一方面，胡塞尔看到意识的经验之维，主张从第一人称视角忠实地描述经验。在悬搁了意识的存在和本性的观念后，以主体的直接经验为出发点。在对经验维度的分析中，他指出经验结构表现出了一种指向性特征："每个经验都是'意识'，而意识是对……的意识。但是，每个经验自身又被体验到，并且在那种程度上，也是'有意识的'。"② 在此，他接受并发展了布伦塔诺的意向性，认为意向性是意识的普遍结构。经验主体对其自身是有意识的，这种主观性和第一人称特征是经验的本质特征；以此为根基，经验主体也能意识到主体之外的对象，表现出指向对象的意向特征。另一方面，胡塞尔也看到了意识的先验之维。在胡塞尔看来，"现象学是一门关于纯粹现象的科学"③。"纯粹"是脱离了经验事实的、本质的、先天的，而我们最直接的经验也可能是被动构成的、受控于经验之外的。他所说的先验就是在经验之外。在这一意义上，只有理解主体先验的构成性，才能理解所显现出来的经验现象的纯粹性。他所说的构成指的是一种主动发生的过程，在这一过程中完成对经验的设定。"构成是意识生命的一个普遍性特征，一切意义都是在意识中和被意识中所构成的。"④ 在胡塞尔看来，经验维度与先验维度是意识的一体两面，经验维度是派生的、实在的一面；先验维度是原初的、超验的一面。

---

① 倪梁康：《意识的向度：以胡塞尔为轴心的现象学问题研究》，北京大学出版社，2007，第5页。
② 〔丹〕丹·扎哈维：《胡塞尔现象学》，李忠伟译，上海译文出版社，2007，第90页。
③ 〔德〕胡塞尔：《现象学的观念》，倪梁康译，商务印书馆，2018，第48页。
④ 〔爱尔兰〕德尔默·莫兰：《现象学：一部历史的和批评的导论》，李幼蒸译，中国人民大学出版社，2017，第189页。

以上以胡塞尔对本质直观和意识分析为出发点，以现象学的方法和研究对象为立足点，窥探了传统的"现象学"的内涵。尽管胡塞尔之后的现象学家对"现象学"有不同的理解，但都普遍以这两方面的分析生成各自的现象学观点，形成了欧陆哲学传统中的现象学分支。与欧陆哲学相对的另一思潮，是以逻辑分析、语言分析和科学分析为要旨的分析哲学。自 20 世纪 70 年代以来，两大思潮逐渐呈现由对立走向融合的趋势，可以从当代心灵哲学对"现象学"概念的解读和使用中，看到分析哲学中心灵哲学分支对现象学的注意和重视。

分析哲学在认知科学的迅猛助力下，形成了以自然科学的理论和方法为基础的物理主义来解释心灵，物理主义存在严重的缺陷，由此内蕴着深刻的危机。这表现为：对科学的过度信赖导致对科学的迷信，将心灵的问题视为科学的问题。将所有心理现象都解释为公共可观察的物理现象，物理主义通过自然科学方法走向了物理主义本体论。同时，这种解释忽略了心灵之中不可观察的部分，尤其在面对不可还原的经验的主观特征方面时，物理主义表现得尤为匮乏。20 世纪 70 年代内格尔（T. Nagel）发表《成为一只蝙蝠可能是什么样子?》以来，经验的主观特征就引起了广泛的争议①。分析哲学家也不得不尝试另辟蹊径，逐渐将目光投向现象学。在涉及物理主义所无法解释的问题时，人们开始意识到意识的主观维度和第一人称视角的重要性，从而使得现象学日渐焕发出生命力和适用性。自此之后，分别隶属于不同传统的心灵哲学与现象学，在探索心理活动的基本特征方面，呈现出越来越多的交流与合作。与分析哲学注重语言分析和形式化研究相比，现象学更为强调意识和实际的生活是比包括逻辑形式在内的语言形式更深的层次，因而更重视对意识经验和生活世界的分析。"由于现象学在很大程度上关注意识，这就激发了心灵哲学家在意识研究上重新关注现象学家。"② 20 世纪 80 年代到 90 年代末，一些哲学家开始重视经验的主观方面，内格尔利用"感受为何"来表达具有某种经验像什么样子

---

① T. Nagel, "What Is It Like to Be a Bat?" *The Philosophical Review* 83 (1974): 435–450.

② J. Searle, "The Phenomenological Illusion," in J. Searle (ed.), *Philosophy in a New Century*: *Selected Essays* (New York: Cambridge University Press, 2008), p. 107.

的主观特征①。塞尔明确指出，意识和意向性是有机体的本质属性，具有第一人称的本体论地位②。莫兰（D. Moran）以弗拉纳根（O. Flanagan）和麦金（C. McGinn）谈到了"我们生活中的现象学"和大脑的"五彩现象学"为例，评论了分析哲学中标示意识状态的第一人称经验的现象学③。这虽然预示了分析哲学开始重视现象学对意识的探索，但对"现象学"的内涵仍有着不同的理解。

在当代心灵哲学中，"现象学"一词多是用于描述听、看等直观的感觉经验所表现出的现象特征，即我们处在某种感觉中所亲身体会到的东西。当我们处在某种经验中，我们体会到的除了生理学、神经科学所描述的客观现象，还包括了只有经验主体才能感受到的主观质性，后者正是"现象学"的"现象"所在。比如，我们有痛感时，神经科学可能会"看到"C 纤维神经或三叉神经的反应，而在现象学意义上所看到的是轻微和剧烈之间的质的体验差别。这种差别极大地依赖于经验主体，因而麦金将现象学描述为一种内省概念，认为其所把握到的是生动且熟知的意识现象④。内格尔将蝙蝠的声呐经验描述为一种现象学。而丹尼特（D. Dennett）贴切地指出了心灵哲学家和认知科学家对"现象学"的普遍用法，"现象学就像一把雨伞，伞下容纳了涉及有意识经验的通名"，"用于解释有意识经验的各项内容"⑤。他在批评了"现象学"的泛用、滥用之后，走向了"异现象学"，即从客观的、第三人称的视角描述主观的、第一人称的经

①　国内对"what is it like"有两种译法，分别为"它像什么"与"感觉"或"感觉如何"。前者由于其在使用上的简洁方便被学界广泛接受，但缺陷在于难以直接传达其中所蕴含的主观感觉方面；后者虽能相对直接地表达主观方面，但"感觉"与"feel"、"感觉如何"与"how is it feel"又不免混淆，内格尔使用"what is it like"主要关注的是成为一只蝙蝠在感觉上的质性，而不是同一质性强弱程度的差别。因此笔者认为译为"感受为何"更为合适。

②　J. Searle, "Socal Ontology: Some Basic Principles," in J. Searle (ed.), *Philosophy in a New Century: Selected Essays* (New York: Cambridge University Press, 2008), pp. 14 - 25.

③　〔爱尔兰〕德尔默·莫兰：《现象学：一部历史的和批评的导论》，李幼蒸译，中国人民大学出版社，2017，第 13 页。

④　C. McGinn, "Consciousness and Content," *Proceedings of the British Academy* 74 (1989): 219 - 239.

⑤　D. Dennett, *Consciousness Explained* (New York: Little, Brown and Company, 1991), pp. 44 - 45.

验。无论是"现象学"还是"异现象学",都将现象学的含义等同于意识经验的现象特征。与之用法类似,查默斯将描述意识经验的概念划分为两种,分别是以感觉方式刻画的现象学的概念和以行为方式刻画的心理学的概念①。这两个概念表述了心灵的两个方面,它们以复杂的方式共现于心灵生活之中。所不同的是,现象学的概念让有意识经验变成一个难问题。除此之外,至于"现象学"所涉及的边界,心灵哲学一直将其限制在知觉领域,但经验在内容上常常超出了知觉领域。近年来,一些哲学家开始注意到思维、判断等认知经验是否具有现象特征的问题,并围绕着认知现象学存在与否的问题展开讨论②。

当代心灵哲学与传统现象学对"现象学"的理解的不同在于,前者所强调的是意识经验自身中难以描述或不可言传的部分,它只能借助于第一人称方法显现出来;后者以经验为研究对象,不仅从经验或意识的主观维度或第一人称角度研究现象,还涉及事物的显现、经验中显现的事物、体验事物的方式以及经验中有意义的事物等。简而言之,"现象学"一词在传统现象学中指的是对意识的分析,在当代心灵哲学中常常指的是意识自身的主体问题。从这一方面来说,当代心灵哲学中"现象学"的内涵更为狭窄,传统"现象学"的范围更广。

(二) 当代心灵哲学对"现象学"概念的修正

"现象学"一词出现在当代心灵哲学领域之中,关于经验的难以解释部分已有了不少与其意义相近的概念群,如"感受为何""感受质""现象特征"。正如布伦塔诺用意向性解释如何区分心理现象与物理现象的问题,在解释如何区分不同的心理现象的问题时,一些哲学家注意到了意识的主观特征③。由于这是理解意识本质、身心问题的核心,加之主观特征的模糊性和复杂性,人们用各自的理解对其加以说明,导致了相关概念的混乱不清。通

---

① D. Chalmers, *The Conscious Mind: In Search of a Fundamental Theory* (New York: Oxford University Press, 1996), pp. 3 – 12.

② T. Bayne, M. Montague, "Cognitive Phenomenology: An Introduction," in T. Bayne and M. Montague (eds.), *Cognitive Phenomenology* (New York: Oxford University Press, 2011), pp. 1 –33.

③ D. Rosenthal, *The Nature of Mind* (New York: Oxford University Press, 1991), p. 289.

常在使用"现象学"一词时，与之同义的表达是"现象特征"。为厘清不同概念的不同预设，需要分别从现象特征、感受为何、感受质方面予以辨析。

在对何为意识的探寻中，人们常常从寻找意识经验的独特之处着手，并用"现象特征"描述经验之间的不同。以视觉经验为例，在看到红色和看到黄色时感受会有不同，这种不同在于现象特征的差异。现象特征不仅可以用于区分有意识经验与无意识经验，而且可以用于区分各种不同的有意识经验①。在此，无意识指的是器官的损坏导致的意识的缺失。以盲视为例，初级视觉皮层受损导致患者存在视觉盲区，使得患者无法看到出现在盲区的刺激。令人惊奇的是，一些患者能够可靠地"猜"到刺激物的某些特征，甚至准确地抓到盲区中的刺激物。但与视觉正常者看到刺激物并做出有意识的反应不同，盲视者在"运用视觉"过程中既没有产生有意识的内容，也没有将视觉经验与其他经验区分开来。也就是说，视觉正常者在有意识的视觉经验中，具有一种独特的现象特征，这是盲视者的无意识经验中所缺乏的。因而，这种现象特征不同于无意识的经验，也不同于嗅觉、触觉、味觉等其他感觉类型的有意识经验。

从外延来看，现象特征是指知觉经验所具有的特征，其范围超出知觉经验之外，不仅知觉状态具有现象特征，而且非知觉状态也具有现象特征。经验的光谱范围从纯粹的知觉经验到抽象的认知经验，知觉与认知在其间相互关联。本质上来说，所有经验由难以量化和形式多样的知觉内容和认知内容所组成，包括视觉、触觉、听觉、嗅觉、运动感觉、本体感觉，痛感、呕吐感、肌肉酸痛感、痒，情绪感觉、复杂的感觉－概念经验、欲望，有意识思维、阅读与理解、幻想、想象的经验等。知觉经验通常被视为经验的范例，而知觉本质上也是概念化的，人难以在知觉经验中明确地区分出交杂其中的感觉因素和概念因素。但是，知觉经验的现象特征表明知觉经验的许多方面直接来自感觉，并自动运用了一些概念。如果现象特征被限制在感觉状态，也就是只承认感觉状态具有现象特征，那么就忽略了认知经验。事实上，感觉类的经验具有现象特征，并不意味着排

---

① C. Siewert, *The Significance of Consciousness* (Princeton, New Jersey: Princeton University Press, 1998), pp. 85 – 93.

除了思维或其他经验具有现象特征的可能性，这为论证思维的现象特征留有空间。这不仅将现象特征扩展到了知觉经验之外，而且还指出认知经验的现象特征的不可还原性。

从内涵来看，"现象特征"是作为"感受为何"的近似表达。在描述主体在经验中的现象特征时，"感受为何"是最常见的表达，在内格尔的推动下，其被广泛使用。内格尔指出了有意识经验的主观特征与客观视角的不可通达性，并以处于其中的主体的"感受为何"来描述有机体的有意识的心理状态。他认为，物理现象与心理现象之间的解释鸿沟是客观与主观之间的鸿沟，物理主义解释所提供的是一种客观知识，而有意识经验是一种主观知识①。"感受为何"是主观视角下的亲知知识，是有意识经验的必要条件，无法还原为功能分析或行为分析。在此，"感受为何"区分了主观与客观的视角，指出了我们无法感知蝙蝠的内在生活是由于成为一只蝙蝠的感受出自主观视角。"感受为何"用"对主体来说"指明了，一个合格的主体只能是有意识的人。这排除了无生命的个体，即使机器人或智能机能够像人一样行为，也无法产生像人一样的感受②。在这一点上，当对以人为主观参照的经验进行提问时，"感受如何"（how is it feel）比"感受为何"（what is it like）更为合适。

尽管这一术语简洁、直接地表达出有意识状态，但仍存在不少争议。"感受为何"所强调的是一种视角，用此指涉视角下的全部内容则不够准确。利康（W. Lycan）较为极端地将"感受为何"斥为含糊不清的、有害无益的概念，可能导致意识和主观性问题更加复杂③。为了澄清所指，他将"感受为何"划分为知觉经验的"感受为何"与认知经验的"感受为何"，这基本等同于现象特征的外延。西维特（C. Siewert）和克里格尔（U. Kriegel）指出"感受为何"涉及技术性的与非技术性的用法之别④。

① T. Nagel, "What Is It Like to Be a Bat?" *The Philosophical Review* 83 (1974): 437.
② E. Lormand, "The Explanatory Stopgap," *The Philosophical Review* 113 (2004): 303-357.
③ W. Lycan, *Consciousness and Experience* (Cambridge: The MIT Press, 1996), p. 77.
④ C. Siewert, "Phenomenal Thought," in T. Bayne and M. Montague (eds.), *Cognitive Phenomenology* (New York: Oxford University Press, 2011), pp. 243-247; U. Kriegel, *The Varieties of Consciousness* (New York: Oxford University Press, 2015), pp. 47-50.

前者是指我们通常说到吃苹果、打篮球的感受，所表达的是主体视角下的具体感受，可以通过亲身体验或自由想象来实现；而后者是指作为有意识状态的标志或特征。这一概念的缺陷在于，非技术性的用法使"感受为何"的内涵过于宽泛了。另一种对泛化的批判来自金在权（J. Kim），他认为内格尔利用"感受为何"赋予蝙蝠有意识经验的能力，但是蝙蝠并没有对自身的意识，这可能导致意识形式的泛化①。归根到底，内格尔所要说明的是意识与主观性的关系问题，我们并未从中获取有助于理解有意识经验的内容。

除了"感受为何"之外，将"现象特征"等同于"感受质"也颇为盛行②。最早在哲学语境中使用感受质一词的是皮尔士（C. S. Peirce），他对我们经验的各个组成部分进行了形而上学的分类，并将感受质视为其范畴中的基本概念。他认为，概念以感觉为基础，而感受质指涉心灵中无法描述的数据，每种感觉的组合、个体的意识都有一种独特的感受质。可以看出，他是在更为一般的意义上谈论感受质的，真正激活感受质的哲学意义的是刘易斯（C. I. Lewis）③。"不同经验所给予的是普遍的、可识别的特征，我将之称为'感受质'。尽管这种感受质是普遍存在的，在一定意义上具有区分经验的作用。"④ 他强调感受质是感觉经验的最基本的构成元素，具有不可还原的原初性。在这一意义上，他的理论又逐渐发展为经验的现象学理论，认为感受质是经验之流中最小的部分，但较为狭义地局限于对感觉属性的描述，用于区分不同的感觉形式。受此启发，弗拉纳根区分了狭义与广义的感受质，认为前者局限于感觉，而后者泛指主观的、第

---

① J. Kim, *Philosophy of Mind* (Colorado: Westview Press, 2011), pp. 267 – 271.

② 国内对"qualia"主要有三种译法，分别为"感受质"、"感受性质"和"感质"。"感受性质"虽然体现了主体感受的质性特征，但是相对于"感受质"而言，在使用上不够简洁，并且易与心理学术语"感受性"混淆。"感质"是"感受质"一词的缩写，虽然也体现了主体感受的质性特征，但是在使用上或许会存在理解上的困难，因此在相关文献中并不常见。鉴于"感受质"更为强调主体感受的质性特征，并且在使用中更为简洁和广泛，本书采用"感受质"作为对"qualia"的中文翻译。

③ T. Crane, "The Origins of Qualia," in T. Crane and T. Patterson (eds.), *History of the Mind-Body Problem* (London: Rouledge, 2001), pp. 169 – 194.

④ C. I. Lewis, *Mind and The World Order: Outline of a Theory of Knowledge* (New York: Charles Scribner's Son, 1929), p. 121.

一人称的经验。在广义上，"信念、思维、愿望、期望、命题态度状态通常都具有质性特征"①。在此，对感受质的界分上有所分歧：一方认为感受质是直感的、非意向的状态；另一方则从意向的角度理解感受质②。二者对能否从意向上把握知觉的、认知的感受质产生了分歧，从而导致了关于意向特征与现象特征的颇多争议。同时，倘若仅将感受质归属于知觉经验，认知的感受质就与之矛盾。因而，感受质从其缘起来看，一般指的是内在于知觉经验中的现象特征。

（三）当代心灵哲学对"现象学"概念的拓展

在对意识的分析中，胡塞尔意义上的现象学传统有先验之维和经验之维两个层面，而当代心灵哲学在与现象学融合的过程中，主要从其经验之维重新诠释了意识概念。在这一维度，引申出第一人称和意向性两个方面，集中表现为两个态势：一个是现象意识，另一个是现象意向性。现象意识和现象意向性是面对意识的难问题时，联合现象学中第一人称角度、以意识为基础的立场，对物理主义的第三人称解释发出的诘问。

当代心灵哲学中现象学立场所批判的是物理主义的基本假设，即所有的意识状态或意识现象可以还原为物理状态或物理现象，对意识的研究即是对物理现象的研究。神经科学、认知心理学、人工智能从符号的、计算的维度为解决意识问题提供了可能性方案，但实际上仍未触及意识的本质，忽视了经验世界与物理世界之间的根本区别。物理主义所无法解决的经验问题，构成了当代意识研究中的难问题。现象学立场认为，物理主义将意识还原为物理对象可能犯了一个范畴错误，它完全忽视了经验的含混性和概然性，片面强调确定性和必然性，符号—计算、联结网络、模块结构等解释认知的物理主义框架，难以解释其中的现象特征。在以意识经验为主要研究对象的现象学看来，认知主义的问题在于没有正确地区分意识对象和意识行为。意识对象是非时间的、观念的和客观的，而意识行为是时间延续的、实在的、主观的，后者不能还原为前者。

---

① O. Flanagan, *Consciousness Reconsidered* (Cambridge: The MIT Press, 1992), p. 67.

② H. Langsam, "Experience, Thoughts, and Qualia," *Philosophical Studies* 99 (2000): 269 - 295.

　　鉴于此，有必要对非时间性的意识对象和时间性的意识行为予以区分。当主体说到"有意识的"时，可以指向所意识到的对象，该对象是脱离语境的；也可以指向意识过程本身，而这一活动是语境依赖的，统摄了主体自身、外部环境以及二者之间的互动。从意识行为到意识对象的还原，不可能完全复制这三个因素。因而，只有转向意识行为本身，关注其"经验性的被给予性"，"将我们的思考仅只建立在被给予的东西上"，从而实现"内在地刻画感知、判断、知觉等等的东西"[①]。意识的神经生物学基础无法解释由某种内在的、心理的东西所构成的体验，这需要回归到主体性经验，即第一人称视角被给予的经验。因而，当代心灵哲学越来越关注经验状态的主观现象学或感觉，重新审视意识的内涵，特别是从"现象的"角度提出了现象意识和现象意向性。

　　现象意识发端于对意识内涵的反思，在对意识是什么的思考中，查默斯主张意识概念具有"现象学的"和"心理学的"两个方面，前者所指涉的对象是具有现象特征的有意识经验，后者则涉及因果关系的行为，这两个截然不同的方面统摄于意识之下。然而，他更关注的是现象意识，甚至将其视作意识的替代表达[②]。意识的现象方面由于显示了意识的主观性，呈现出自然秩序难以解释的模糊性，成为意识研究中的真正困难的部分。同样的，为了理清意识概念，布洛克（N. Block）按照功能将意识理解为现象意识和存取意识。"现象意识即经验"，指主体在经验某个状态时所感受到的意识，表示的是意识的现象特征[③]。这一经验以感觉经验、知觉经验为典型范例，如感觉到痛等。除此之外，还有其他意义上的意识，解释的是意识的其他方面，如进行信息存储、提取。当知觉的表征内容由信息处理功能进行加工，执行系统输出内容并用于控制推理和行为时，布洛克将之称为存取意识。这一意识以命题态度为典型范例，如思维、信念、欲

---

① 〔丹〕丹·扎哈维：《胡塞尔现象学》，李忠伟译，上海译文出版社，2007，第 6～8 页。

② D. Chalmers, *The Conscious Mind: In Search of a Fundamental Theory* (New York: Oxford University Press, 1996), pp. 17 – 31.

③ N. Block, "On a Confusion about a Function of Consciousness," *Behavioral and Brain Sciences* 18 (1995): 227 – 287. 国内将"access consciousness"译为"存取意识""路径意识""存取意识"等，它主要涉及与思维活动、信息处理、信息收集、信息贮存相关的意识。为明显表达信息的流动与传递过程，本书采用"存取意识"这一概念。

望等蕴含表征内容的状态。现象意识的核心是现象内容或内容的现象方面，存取意识的核心是表征内容或内容的表征方面。盲视者所缺失的是对刺激物的现象意识，仍具有将信息表征到脑中并用于指导推理、合理控制行为的存取意识。类似的，癫痫患者可能在走路时突然发病导致现象意识的丧失，但仍能在存取意识的指引下机械式地完成动作。

可以看出，现象意识与存取意识类似于脑中具有独立功能的两个模块。布洛克虽然将二者进行了明显的区分，但对于思维是否具有现象特征还是模棱两可的。"当想到现象意识中典型的、无争议的案例时，更能抓住概念的内涵。但这对现象意识来说有点难。当我们走向现象意识的有争议的案例时，我们就可能进入一个充满歧义和复杂难懂的怪圈。"① 由此，一方面，现象意识通常围绕感觉、视觉感知、情绪展开，而将认知经验排除在外；另一方面，现象意识也与存取意识所具有的意向性相分离。心灵哲学中的这种传统与现象学是背道而驰的，背离了布伦塔诺所说的意向性是意识的一种主要特征，而现象意识的意向性也是意向性的普遍形式。胡塞尔用"意向的生活经验"指称意向的心理状态，这也就是现象意识的状态。对于现象学家来说，有意识思维是意向的、现象的意识。更进一步地说，传统心灵哲学侧重分析知觉经验和经验的其他方面，如想象、情绪、记忆等，忽略了思维等经验的结构。对此，金在权也表达了对现象意识的忧虑，认为有意识的思维、信念、情绪也具有现象特征，并指出所有的有意识状态都有一种现象特征②。

现象意向性涉及意识与意向性的相关性问题。在胡塞尔的现象学中，意向性是意识的内在特征，表示主体与对象之间的一种指向关系。根据这种指向关系，我们不仅能够知觉到树、花、食物等实际存在的对象，还能够想到金山、方的圆、独角兽等不存在的对象。同一对象具有不同的显现方式，进而可能呈现为不同现象。由于意识行为能够超越所显现物的某一方面，使得主体能够从整体上识别对象，实现对该对象的指向。换言之，无论所指对象存在与否、如何显现，都不会影响意识行为本身的能指。意

① U. Kriegel, *The Varieties of Consciousness* (New York: Oxford University Press, 2015), p. 6.
② J. Kim, *Philosophy of Mind* (Colorado: Westview Press, 2011), pp. 271 - 280.

识是"因其自身的本性而指向超越的对象的意识活动","主体本身就是自我超越的",这消解了主体与客体如何关联的问题①。循着胡塞尔的思路，就如何尽可能地使对象更加直接地、本原地给予的问题，如何处理意识与意向性的关系问题，现象意识进一步触发了对现象意向性的讨论。

现象意向性是一种由现象意识所生成的、由现象特征所构成的意向性。这一观点源于霍根（T. Horgan）和梯恩森（J. Tienson）对现象学与意向性关系的分析。在批判了分离主义将现象方面和意向方面的严格对立之后，他们倡导二者相互贯通的现象意向性。"现象意向性是完全由现象学在构成上决定的意向性。"② 其中，"构成上决定的"规定了意向性的来源是现象学。当主体处在有意识的状态时，我们通常将该状态描述为关于某物或某事态的经验，这就在有意识觉知的同时指向了对象。也就是说，在有意识的经验之中，正是由于主体有了对经验本身的现象意识，才可能具有意向性。这一过程蕴含了理解现象意向性的两个方面：一个方面是现象学的意向性，有意识经验具有与现象特征不可分割的意向内容；另一个方面是意向性的现象学，意向状态具有与其意向内容不可分割的现象特征。在这种相关性之上，现象意向性着重于强调意向内容是由现象意识所决定的，这种优先性为现象意向性赋予了原初性。类似的，克里格尔将现象意向性表述为经验意向性，用于强调经验的意向先于非经验的意向，并以有意识经验为前提的特征③。同时，他将经验意向性拓展到了非知觉的、认知经验的现象意识领域，也触发了关于认知经验的现象意识和现象意向性的诸多争议。可以看出，由现象学概念引发的现象意识和意向性的讨论，不仅表现出传统现象学与当代心灵哲学的互补，而且在意识科学的影响下呈现出了新的发展态势，这都为解决尚未解决的意识难题提供了可能空间。

综观以上对"现象学"概念的分析，当代心灵哲学整合胡塞尔现象学

---

①．〔丹〕丹·扎哈维：《胡塞尔现象学》，李忠伟译，上海译文出版社，2007，第6页。

②　T. Horgan, J. Tienson, "The Intentionality of Phenomenology and the Phenomenology of Intentionality," in D. Chalmers（ed.）, *The Philosophy of Mind: Classical and Contemporary Readings*（Oxford: Oxford University Press, 2002）, p. 520.

③　U. Kriegel, *The Source of Intentionality*（New York: Oxford University Press, 2011）, pp. 9 - 51.

的经验之维，并引入由意识的经验之维所构成的现象学概念，确立了在当代心灵哲学的语境下现象学概念的内涵和外延，再以第一人称和意向性为出发点拓展出了现象意识和现象意向性。在这个过程中，对"现象学"概念的重新诠释彰显了现象学和心灵哲学在意识研究问题上的融合趋势，这不仅是心灵哲学家、分析哲学家对意识难问题的解决方案，也是他们在意识研究中面对共同问题时的重新思考，使得对"现象学"概念的理解成为把握认知现象学的关键。

三 国内外研究现状述评

（一）国内研究现状述评

国内对于认知现象学的研究还处于萌芽阶段，从知网上仅能搜索到华中师范大学高新民教授与耿子普、高新民教授与赵小娜撰写的两篇文章，分别是 2017 年发表在《哲学动态》和《社会科学战线》的《感受性质发微》和《思维与"感受性质"——认知现象学的"发现"与探索》。这两篇文章向国内首次介绍了有关认知现象学的问题。

《感受性质发微》是国内最早涉及认知现象学的论文。这篇文章从评析感受性质的研究现状出发，指出对感受性质这一议题的研究虽然成果颇多，但仍有一些容易忽视的问题和潜在的发展趋势。一方面，以往的研究简单地将感受性质与现象意识、现象学属性等同义的表达等同，忽视了它们之间的细微差别，对此可做进一步剖析；另一方面，重新思考感受性质的基本域，不仅注意到感觉或知觉具有感受性质，还将思维或认知的感受性质也纳入考量。文章对感受性质的内部差别、感受性质与意识或现象意识的差别进行了梳理，为清晰辨析感受性质与其相关同义表达提供了极大帮助。同时，文章在对认知现象学的阐述中，分析了其对传统现象学的继承和发展、所涉及的核心问题以及延伸出的施动现象学，这些都为初步思考认知现象学奠定了基础。

《思维与"感受性质"——认知现象学的"发现"与探索》是国内第一篇主要介绍认知现象学的文章。文章从对"认知"和"现象学"的概念解释出发，阐释认知现象学的内涵，围绕着有意识思维是否具有现象特征的核心争论分析了认知现象学的类型及其特征，又从思维的态度和内容角度对认知现象学的结论进行了纵深挖掘。它对认知现象学这一前沿议题的考察，无疑为我们提供了较为全面的视角，对于我们理解认知现象学的核心争论、理论意义提供借鉴。但囿于篇幅，文章并未对心灵哲学中现象学与分析哲学的融合趋势予以详细阐述，而这一趋势也是理解认知现象学的关键所在。

　　除此之外，在相对外围的层面上，我们看到国内对认知的研究也呈现现象学趋向。在现象学与认知科学的方向上，以为当代不同的认知模型寻找现象学基础为主要目的，大致有以下两种探索。第一种是探讨现象学的身体观与认知哲学中的具身认知的关系，以徐献军的博士学位论文《具身认知论——现象学在认知科学研究范式转型中的作用》（2007）为代表，他陆续发表了《身体现象学对认知科学的批判》（2007）、《现象学对认知科学的贡献》（2010）、《国外现象学与认知科学研究述评》（2011）和《具身人工智能与现象学》（2012）。第二种是分析胡塞尔、海德格尔、梅洛-庞蒂等现象学家对笛卡尔二元论的批判，强调现象学与交互式认知的关系。如刘晓力与孟伟发表的《交互式认知建构进路及其现象学哲学基础》（2009）、陈巍的《交互心灵观与具身认知科学的现象学始基》（2011）。

　　在现象学与认知神经科学的方向上，出现了自然化现象学的尝试，主张将认知神经科学的第三人称方法与现象学的第一人称方法融合。如徐献军的《意识现象学在认知神经科学中的应用》（2011）、孟伟的《自然化现象学——一种现象学介入认知科学研究的建设性路径》（2013）、陈巍的《现象学的自然化运动：立场、意义与实例》（2013）和《神经现象学：整合脑与意识经验的认知科学哲学进路》（2016）、武建峰的《论生成认知科学的现象学基础》（2017）以及周理乾的《认知科学需要去自然化现象学吗?》（2018）和《现象学与认知科学的相互促进》（2019）。

　　以上所列文献仅用于从宏观上分析国内现象学与认知科学、神经现象学研究现状，只是选出了几个代表性的例子来反映国内认知研究的现象学趋向。从中可以看出，国内对认知现象学的研究基本处于起步阶段，这与国外对其的热议形成了鲜明的对比，因而仍有大量的研究空白需要填补。

（二）国外研究现状述评

　　认知现象学的研究产生于20世纪90年代意识潮的大背景之下，伴随着对现象意识的重视而崛起并逐渐蔓延开来。通过对大量相关文献的梳理和分析，将国外认知现象学的研究概括为以下几个阶段。

1. 认知现象学的萌芽阶段

对认知现象学的讨论最初始于 20 世纪 90 年代，一大批哲学家对意识本质的追问所形成的新"意识潮"，为探讨认知现象学构建了理论环境。这一时期虽未系统形成以"认知现象学"为题的研究文献，但在对经验的分析中端倪渐显。以下按照时间顺序，对分散的文献予以整理分析。

1993 年，戈德曼（A. I. Goldman）第一次明确提出认知现象学的问题。他在《民间心理学的心理学》一文中指出，在理解感受质时不应仅仅局限于感觉和知觉，还应扩展至信念、思维等其他心理状态。他强调民间心理学中的现象学维度、经验维度的价值，主张对心理状态的研究应从纯粹经验出发，继而发起对功能主义用功能关系把握质性特征的批判。戈德曼构建了一种补充功能主义的现象学模型，论证了现象特征不仅仅局限于感觉状态，命题态度中态度类型和态度内容等抽象的、概念的部分也有现象特征。虽然他没有提出"认知现象学"的概念，但所假设的现象学模型关涉到认知的现象学方面，直接构成了系统探讨认知现象学问题的发端。

1994 年，斯特劳森（G. Strawson）在第一版《心理实在论》中阐述了有意识经验的实在论立场，肯定了以理解经验、意义经验为代表的认知经验。他从经验入手研究意识，认为经验同时包含了知觉经验和认知经验，并独创性地提出语言理解经验的思想实验来论证认知经验的实在性。这一思想实验不仅成为后来学者解释认知现象学的主要方法，更为重要的是，他所论述的认知经验的透明性为认知现象学的本质分析提供了基本思路。值得注意的是，第一版《心理实在论》中提出的认知经验的实在论，遭到了大多数分析哲学家的否定。但到 2010 年再版时，认知现象学已引发颇多关注和争议，该书也随之成为颇具启发性和建设性的原始文献之一。

1996 年，洛尔芒（E. Lormand）的《非现象意识》一文在回应戈德曼的思维感受质时，以否定思维的现象特征为基本立场。他提出了反对将有意识思维隶属于现象意识的紧缩策略，认为有意识状态无法归为一个统一的意识，需要划分为现象意识和非现象意识。现象意识为意识的原初的、内在的属性，能够派生出非现象意识。有意识的思维流、有意识的知觉、有意识的身体感知、有意识的想象这四者的现象特征合称为"质性四重奏"，属于具有现象特征的现象意识范畴。在此，洛尔芒重新把思维流界定为自言自语时相当缓慢的、大致连续的典型现象，指出思维流不足以涵盖所有对行为产生影响的命题态度，因而将命题态度的思维置于质性四重奏之外，是一种派生于现象意识的非现象意识。实际上，有意识状态是非现象的，与有意识状态缺乏独特的现象学不同。洛尔芒的论证目标是前者，而论证结果则导向后者。这种派生关系成为认知现象学论证中还原策略的萌芽。还原策略将有意识状态，特别是思维和命题态度视为非现象的，任何与之相关的现象学都附随于更为原初的现象学，如知觉表征、身体感觉、图像或内部语言。

1998年，西维特（C. Siewert）在其代表性著作《意识的意义》中，以理解意识概念作为理解意义的必要前提，将第一人称作为理解意识的独特路径，强调经验的第一人称知识的价值，这为认知现象学提供了方法论基础。以第一人称方法来描述有意识经验，在对意识的功能主义解释发起挑战的同时，也引导后来的研究重视以第一人称知识为基础的现象意识。在西维特看来，现象意识不仅仅出现在感觉状态中，也显现于图像化的、非图像化的思维状态中，感觉状态与思维状态共显了现象特征。现象特征构成了现象意识的独特性，也是意向性的必要条件，意识与意向性的关系等同于现象特征和意向特征的关系。这种对现象意识的理解，一反传统心灵哲学对现象意识的讨论多集中在颜色、痛觉等知觉状态，忽略甚至否认认知经验的现象特征，为认知现象学的不可还原解释提供了理论准备。

同年，皮科克（C. Peacocke）的《有意识思维、注意与自我知识》一文主要分析了有意识的命题态度，认为知觉经验、感觉、有意识的命题态度三者异中有同之处在于共享了主观性，表现为身处其中的主体的感受为何。他赞同戈德曼将有意识的命题态度视为一种主观状态的观点，同时又认为这种思维的出现与注意由外向内的转换紧密相关。当注意力投入有意识的思考时，有意识的命题态度便从潜在状态转变为有意识的事件。此外，皮科克特别指出主体的有意识思维的本质与自我知识的哲学解释有关，有意识态度的构成特征的重要性在于解释了思维主体具有关于自身心理状态的知识，并以注意、自我知识与有意识思维之间的关系为主要线索，肯定了认知经验的主观方面，将有意识的命题态度归为一种主观状态。

可以说，戈德曼、斯特劳森、洛尔芒、西维特和皮科克是当代认知现象学的先驱，最先触及认知经验、有意识思维是否具有现象特征等核心问题，对现象特征仅局限在知觉经验的传统观点发起挑战。同时，牵引出现象特征与意向特征的关系这一关键问题，但这种初步探索往往是断言式的、引介性的，显露出缺乏系统论证的特点。因此，这一阶段仍处于认知现象学的起步状态，不仅尚未出现相关的研究专著，也缺乏系统的文章，并没有形成完整系统的讨论。虽然关于认知现象学的研究呈现出各自孤立的状态，但为这一问题的深入讨论提供了理论基础。除了以上肯定认知经验的现象特征之外，这一阶段不乏对认知现象学的否定。

泰伊（M. Tye）的《意识的十大问题：关于现象心灵的一种表征理论》是一部否定认知现象学的前瞻性著作。书中主要阐述了他对现象意识的理解，认为经验主体的现象意识是物理主义解释所不可逾越的障碍，并以一种问题式的、启发性的框架分析难解的现象意识问题。他首先对不同类型的现象意识展开分析，列出了知觉经验、身体感觉、情绪、情感等四个维度的现象意识，将欲望、信念等认知维度排除在外。他认为，现象意识或现象特征并不对高阶认知过程具有因果作用，后者只附随于以上四个维度的现象特征。同时，他指出现象意识本质上是具有表征内容的状态，所有的体验和感受都具有现象特征、表征内容，因而现象意识在本质上是表征性的。可以看出，泰伊对认知现象学所持的是双向的还原立场：认知经验的现象特征可以还原为知觉经验的现象特征，现象特征也可以还原为意向特征。除此之外，对于意识与意向性的第一性问题，也分化出两种截然不同的立场：一种是意向性基本论，认为意识植根于意向性，主张从意向性角度来分析意识，集中表现为用高阶表征状态来分析意识状态；另一种是意识基本论，认为意识是意向性的基础，主张从意识角度解释意向性，肯定意向内容与现象特征的关联。从整个发展历程来看，20世纪中后期对意识与意向性关系问题的讨论，间接促进了认知现象学的生长。

2. 认知现象学的生长阶段

在21世纪最初十年，对认知现象学的专题讨论逐渐涌现，并呈现出不断发展壮大的态势。这一时期主要从两个方面展开：一方面，关于意识与意向性关系的探讨，主要围绕意向特征与现象特征关系展开，使得现象意向性逐渐显露，构成认知现象学的理论基础；另一方面，关于思维内容的讨论日益增多。思维的心理内容表征方式千差万别，其根本的共同之处是具有意向性，这成为普遍认同的观念，但意向内容从何而来的问题仍饱受争议。一些哲学家以这两方面为切入点，打通从现象意向性、意向内容的内在论走入认知现象学的可能路径。

在关于意向特征与现象特征的关系探讨方面，2002 年霍根（T. Horgan）和梯恩森（J. Tienson）发表的《现象学的意向性与意向性的现象学》，是最早从现象学与意向性关系角度支持认知现象学的代表论文之一。他们拒斥心灵哲学中认为心理的现象方面和意向方面各自独立的分离主义立场，并且反对坚持意向方面优先于现象方面的表征主义。分离主义主张现象方面是无意向的，意向方面是非现象的，即使在包含现象、意向的复杂状态中，现象方面和意向方面仍是可分离的。为了反对分离主义，他们从三个角度详细论述了现象方面和意向方面的相关性：一是现象学的意向性，心理状态的现象特征具有与其不可分离的意向内容；二是意向性的现象学，心理状态意向内容中具有与其不可分割的现象特征；三是现象学和意向性相互贯穿在现象意向性之中，现象意向性是以现象学作基础的意向性。在此之上，他们批判了表征主义肯定现象学的意向性、拒斥意向性的现象学、否定现象意向性的观点。为此，他们通过对经验的内省描述，使得现象学的意向内容是"窄的"，它不依赖于经验者的"头脑外面"所进行的事情，推论心理生活中窄内容的意向性。因而他们指出，现象意向性是一种内置于现象学的指向形式，在构成上不依赖于现象特征与经验者所处的实际外部环境之间的外在关系，从而否定意向入场于外部世界的外在论。这种反对分离主义和表征主义的现象意向性，实际上体现了关注重心由外向内的转变，为认知现象学中内容入场论证提供了关键步骤。

在关于意向内容的探讨方面，劳尔（B. Loar）于 2003 年发表《作为心理内容基础的现象意向性》一文，对心理内容展开分析。他认为，心理生活不仅包括具有外在指向的意向状态，有意识思维流、感觉流、知觉流等有意识状态也是心理生活的重要组成。外在论预设了思维内容的意向性与指称的外在性，进而构成一种指向外部的思想与外部对象的复杂关系。

但是，指称外部对象的意向内容只是心理内容的一部分，仅仅借助于语言和指称的外在论还不足以充分解释心理内容，意向性的外在论需与作为心理状态的内在构成特征相一致。因而，他在肯定指称的外在论的同时，拒斥意向内容的外在论，支持反对外部关系决定心理内容的内在论。内在论所涉及的不仅是现象意向性关于知觉和思维如何表征对象的问题，也涉及现象方面与意向方面的相关性问题，也是通达认知现象学不可还原解释的必由之路。

2004年，皮特（D. Pitt）在《是否存在认知的现象学或思考 P 的感受为何?》一文中，首次明确提出了认知现象学的论题。他批判了不经论证就肯定认知现象学的研究现状，强调对认知现象学展开论证的必要性及其对心灵哲学和认知科学的重要意义。同时，他也对有意识状态的意向解释发起了挑战。面对意向特征与现象特征的关系问题，他阐述了有意识的意向状态具有现象特征的观点，并以有意识思维为例，从正反两方面加以论证：一方面来自直接的内省，假设有意识思维没有现象特征，如何区分有意识思维及其内容就成为需要进一步解释的问题；另一方面是以理解经验为例证，为有意识思维的现象特征提供具体的实例支持。皮特预设了有意识思维的非还原的实在论，指出每种有意识思维都具有专有的、独特的、个体的现象学，这使得有意识思维区别于其他有意识的心理状态和其他类型的有意识思维，并形成由自身构成的表征内容。这一界定明确指出了认知现象学的基本特性，为后来研究者提供了指引。虽然皮特以直接内省和援引例证为论证方法，有将论证简化、粗糙化的嫌疑，但这样的论证作为认知现象学的最初论证得到广泛关注。

2005年，罗宾逊（W. S. Robinson）在《思维缺乏独特的、非图像的现象学》一文中，以拒斥相关于命题态度的独特现象学为立场，对是否存在一种独特的思维现象学采取消极的态度。文章尝试在剥离思维与感觉现象学相关的前提下，仅就思维没有独特的、非图像的现象学展开初步分析。对此，他首先区分了命题式思维与当前思维，指出当前思维是对当前不同态度类型的识别，并以此限定思维现象学的讨论边界。他虽然承认思维具有丰富的现象伴随物，如内在语言、图像、情感或非感觉的经验，但这些是作为命题的相关物而构成认知行为的基础，并没有说明一种独特的、非图像的命题态度的现象学。因而，罗宾逊以反对思维现象学为基础，更进一步地否定了认知现象学的存在。

2007年，布拉登－米切尔（D. Braddon-Mitchell）和杰克逊（F. Jackson）在关于心灵哲学和认知哲学的导论性著作——《心灵哲学与认知》中，分析现象特征与意识的关系时，谈到现象特征与认知状态的关系。他反思了现象特征的范围域中的独断现象，指出人们普遍肯定身体感觉、知觉经验具有现象特征，最典型的例子包括疼痛、痒，而信念、期望等认知状态则缺乏现象特征。在此，他敏锐地捕捉到，哪一种状态属于何种类别仍存在着争论，仅仅讨论现象特征归属于某种心理状态还远远不够，现象特征与意识的关系、对现象特征本身的解释也有更多有待展开的分析。这些讨论无疑表明，越来越多的哲学家注意到对认知现象学的忽视和否定，开始思考认知经验是否有现象特征以及认知现象学是否存在的问题。可以看出，21世纪的最初十年，心灵哲学家对认知现象学的讨论多是分散的，并未形成独立的研究领域。

3. 认知现象学的成熟阶段

随着人们对认知现象学越来越重视，关于认知现象学问题的讨论开始在心灵哲学中兴盛起来。这表现为研究内容逐渐由分散粗放走向系统精细，形成了以"认知现象学"为主题的一系列分析论证，探讨是否存在一种独特的、不可还原的认知现象学。这一时期的文献通常属于心灵哲学、现象学领域，不仅仅探讨认知现象学存在与否的问题，还深入内部对其本质、特征、核心问题进行探讨，呈现出分析与论证并重的特征。

2011年，贝恩（T. Bayne）和蒙塔古（M. Montague）编撰了认知现象学的第一本主题著作——《认知现象学》，汇集了以认知现象学为主题的论文，弥补了这一领域的文献空缺。这一合集的出版也标志着认知现象学成为一个独立的问题，并在一定程度上为后续相关问题研究提供了阵地。书中较为概括地、全面地描绘出认知现象学的背景和内容。当然，这并不是说所有的问题都得到了澄清，而是为更深入地理解提供了可能，这一主题仍有许多有待探索的领域。需要特别提及的是，贝恩和蒙塔古在导言中提供了理论背景、相关术语、主要立场和论证等问题的总览，为后来学习者提供了地图指南。该书收录的15篇文章几乎涵盖了认知现象学争论的主要立场，这从侧面反映了学界关注度的增高。在内容上，以是否存在有意识思维的认知现象学、知觉经验的现象学如何解释涉及概念的知觉经验以及如何界定概念对经验的作用为基本的划分标准，展开了对认知现象学中不同立场的细致分析。

在《独特的现象学》一文中，蒙塔古主要从知觉内容层面分析知觉经验。她首先指出知觉总是关于特定对象的，这无疑使得知觉经验中蕴含着觉知特定对象的现象特征，构成了一个基本的现象学事实。在分析了内容的内在论和外在论两种观点之后，她认为二者均不能解释这一事实，并尝试通过假设具体对象的一般特征进行解释。例证假设作为知觉经验的基本范畴，不仅是知觉和知觉经验的基本构成要素，也是确认认知现象学的依据。关于具体例证的知觉经验也是史密斯（D. W. Smith）在《有意识思维的现象学》中的分析对象。他肯定了不同形式的意识经验，如视觉感知、视觉判断、日常思考和抽象思维的经验案例，通过反思这些经验的特征和结构，描述和分析了有意识思维的现象学。值得注意的是，这篇文章表达了现象学不仅仅作为经验的"感受为何"，而且较为明确主张将现象学作为一种哲学方法，适用于分析由意向性、具身性等要素构成的经验。此外，他对内容的宽泛界定与泰伊和赖特等人使用的意向内容等更为狭义的定义形成了鲜明对比。

与以上对认知现象学的支持态度不同，卡拉瑟斯（P. Carruthers）和韦耶（B. Veillet）在《反对认知现象学的案例》中对认知现象学抱持消极的怀疑态度。他们反对将概念、思维的内容等认知内容作为建构认知的现象特征的证据，并认为现象意识在本质上是非概念的。为此，文章主要指出了概念对视觉经验的现象学的作用，从而将经验中概念的因果作用与构成要素的问题引入意识难问题。他们期望通过将现象意识视为导致难问题的关键，以此指明现象意识与认知现象学的前进方向。莱文（J. Levine）在《论思维的现象学》中从不纯粹的认知现象学类型分析了认知对经验的渗透。这一类型与纯粹的认知现象学不同，关乎于受认知影响的知觉经验。为了进一步区分认知现象学中内容的透明性，他考察了支持认知现象学的现象学论证和自我认识论证，进而为不纯粹的、不透明的认知现象学类型提供理论支持。

除了认知对知觉经验的可能影响外，是否存在纯粹的认知现象学也引发了颇多争议，这即是在追问有意识思维是否具有一种独特的、专有的现象特征。关于是否存在纯粹的认知现象学的问题，可以从两个方面来考虑：一是围绕"现象特征"的术语争论，一是支持有意识思维具有独特的现象特征的现象学论证和自我认识论证。澄清现象意识问题的首要步骤是理解"现象特征"。书中倾向于将现象特征广义地理解为处在经验中的"感受为何"，或者围绕现象意识的主要问题予以间接把握，如现象事实与物理事实之间的解释鸿沟、缺乏意识的物理—功能僵尸的可设想性、表征内容和行为相同而现象特征不同的颠倒光谱的思想实验。卡拉瑟斯和韦耶，霍根和克里格尔均采取了利用相关难题界定现象意识的首要策略，但从中得出了迥然不同的结论。卡拉瑟斯和韦耶将现象意识理解为出现难题的原因所在，尤其关注颠倒光谱思想实验中所不能解释认知的部分。由此，他们指出认知本身具有现象特征。而克里格尔在《作为无意识内容基础的认知现象学》中，则将解释鸿沟作为界定现象特征的参照，提出了支持认知现象学的观点。他以间接方式将关于认知现象学的争论与更普遍的现象意向性观点联系起来，认为所有的意向性都以某种方式建立在现象意识的意向性上。另一支持认知现象学的独特性的论文是霍根的《从施事现象学到认知现象学》，文中将关注焦点从解释鸿沟转向认知的局部僵尸的可设想性，即在生物功能和物理基础上等同于人，与人共享感觉现象学，却不能共享认知现象学。他认为，既然这样的生物是完全可以想象的，那么有意识思维的本质远不止其功能作用，还必须具有一种独特的现象特征。

《认知现象学》一书中另外两个重要的主题是现象对比论证和自我知识论证。现象对比论证由斯特劳森首次提出，由皮特进一步发展。现象对比论证的思路是：同时向两个主体输入相同的感觉刺激，再对比两个案例中的现象差异，随后由现象不同解释整体状态的不同。西沃特（C. Siewert）在《现象的思维》中提出了类似案例支持认知现象学的独特性，特别阐释了与语言理解经验相关的三个论证。这些现象对比论证遭到了主张还原解释的批判，只能用于证明知觉经验受到认知变化的影响。普林茨（J. Prinz）在《认知现象学的感觉基础》中认为，现象意识并不超越知觉经验，现象对比案例多集中于感觉材料和注意。他虽然赞同有意识思维具有某种感受，也有现象学，但认为所有的现象学都可以还原为知觉现象学。罗宾逊（W. S. Robinson）在《认知现象学的朴素观》中也只肯定知觉现象学。他以白日梦、全神贯注等特定案例佐证这种还原立场，并将其用于对顿悟、片段式内心语言和图像的解释。

在这一推理思路中，泰伊（M. Tye）和赖特（B. Wright）的《有意识思维的现象学存在吗?》诉诸可接受的质性状态来解释现象对比论证，其中包括感觉体验、知觉体验、有意识的身体感觉、非语言类图像经验、有意识的语言图像、情感和尝试的体验。他们进一步讨论了自我知识论证，并基于思维结构及其所属的本体论范畴提出了反对认知现象学的论证，旨在证明思维不可能是相关现象学的承载者。自我知识论证虽然主要关注现象特征与内容的关系，但也关注命题态度，追问不同态度的现象学存在与否。此外，他们还特别关注论据获取的方法，利用描述经验抽样（DES -descriptive experience sampling）的方法获取支持认知现象学的经验证据，这为通往认知现象学提供了方法论基础。在此之后，皮特（D. Pitt）在《内省、现象特征与意向内容的可得性》中，从批判自我知识的其他论证的失败之处出发为思维的现象学辩护，并提出关于自我知识的讨论与认知现象学中内省和内省证据的作用密切相关。斯彭纳（M. Spener）的《认知现象学的分歧》是《认知现象学》一书中唯一讨论内省部分的文章。她认为讨论中关于内省论证的分歧是基于内省的不可靠性，但内省本身既不支持也不反对认知现象学的存在。

在《认知感受质》一文中，希尔兹（C. Shields）认为对不同内容的感受是认知态度的内在的、本质的特征，并以好奇感和疑惑感的认知状态为例进行解释。在讨论了可变性论证之后，他从三个同等论证说明认知感受质的存在，提出非认知状态的质性解释同样适用于认知状态。希尔兹关于态度现象学的立场遭到了普林茨和罗宾逊等还原论者的反对，他们认为所谓的态度现象学可以通过感觉、情感现象学来解释，并没有为认知现象学提供不可还原的证据。以上精简地概述了《认知现象学》的主要论证，书中对认知经验与知觉经验的关系、认知现象学的存在和本质、现象对比论证和自我知识论证等的讨论与其他的哲学主题紧密相关，如知觉经验、自主体意识、现象意向性、内省证据、时间意识、认识感受和意识难题等。在此，认知现象学为意识、知觉以及认知的研究开辟了新的空间，丰富了当代心灵哲学的基本理论。

2013 年，史密斯（D. Smithies）相继发表了两篇题为《认知现象学的本质》《认知现象学的重要性》的论文，将认知现象学高度概括为对认知活动相关的经验的研究，指出当前认知现象学研究的重心应从关于存在与否的争论转移到关于本质和意义的讨论。两篇论文分别探讨了认知现象学的本质及其在意向性、内省的自我知识和外部知识等意识研究中的哲学意义。文中以认知意向主义的立场回答了认知的现象特征是否同一于意向特征的意向性问题，以还原主义的立场回答了认知的现象特征是否可还原为知觉的现象特征的还原问题。

2015 年，丘德诺夫（E. Chudnoff）出版了《认知现象学》一书，该书成为第二本以认知现象学为专题的著作。该书更为深入地考察认知的现象意识状态是否存在的核心问题，对有关论证进行了细致的介绍和考察。现象学关涉心灵的主观方面，有意识状态所呈现出第一人称的、直接感受到的现象特征，这不仅适用于对知觉状态的描述，也具有应用于思维、认知的可能。他通过研究认知是否具有现象特征、内省方法的可行性、思维片段与意识流的关系等主要问题，着重对认知现象学的合理性展开深入分析。在书中，丘德诺夫首先澄清了认知现象学争论的本质及其所涉及的核心概念，接着从内省与思维知识、现象对比论证、意识的价值、经验的时间结构、经验的整体特征、感觉状态与认知状态的相互依赖以及现象特征与心理表征的相互关系方面，建构了他所支持的不可还原的认知现象学。该书对认知现象学的分析和评价，不仅是走进认知现象学的可靠指南，也为心灵哲学、认知哲学等相关主题的研究提供了索引。

2016 年，布雷耶（T. Breyer）和戈特兰德（C. Gutland）出版了《思维的现象学：对认知经验特征的哲学分析》一书。该书通过整合心灵哲学中最新的进展与传统现象学对思维本质的洞见，联合运用分析方法和现象学方法，旨向对思维的心理过程和思维经验进行更为全面的理解。书中各篇文章对思维的分析，均糅合了现象学传统和分析哲学传统的共同话题，例如经验中的知觉、语言、逻辑、具身、情景等。因而，这种融合视域下的对认知经验特征的哲学研究，拓展了认知现象学的域面，以思维的现象特征搭建了分析方法和现象学方法的沟通桥梁，推动了认知现象学的争论中心灵哲学传统与现象学传统的衔接。此外，霍尔瓦（M. Jorba）和莫兰（D. Moran）发表的《有意识思维与认知现象学：主题、观点和展望》，介绍了有意识思维与认知现象学所讨论的一般问题和主要论证，并从现象对比、认识论、内省、本体论、时间特征、意向性、内部语言、整体论等多个维度展开分析。在多维分析的基础上，他们更进一步地提出了认知现象学在自我意识、注意、情绪等方面的价值，为从更为广阔的视域理解认知现象学打开思路。

四　研究方法与思路

对认知现象学的分析涉及如何充分描述有意识状态的现象特征以及如何通达意识现象的问题，本书以内省和案例描述为主要方法，着重通过考察现象特征与意向特征的关系横向地考察意识的结构。不同于依赖于推理、知觉等其他方式，内省观察和内省报告是我们进入心理生活、获取内在信息的主要途径。哲学和心理学对内省方法的态度经历了由搁置到复苏的发展过程，并在意识潮的助力下重新回归，特别是认知神经科学家在研究经验时对内省报告的重视，使得内省方法颇有重新受到重视之势。借助于经验心理学中的案例描述，在描述内在经验的基础上，形成较为详细的内省报告，从而尽量克服经验的多变性和暂时性，直指有意识的认知经验本身。在此之上，从哲学层面展开对认知经验的抽象分析。作为当代西方心灵哲学中的热点，认知现象学发端于胡塞尔现象学，发展于分析哲学，并汇聚了意识、意向性等核心论题，成为一个新兴的研究方向。它既体现了现象学与心灵哲学的融合，也表现出了对传统认知观的突破。本书致力于从不可还原角度分析认知现象学的有效论证，并提出基于传统现象学、具身认知和现象意向性的可能路径。基于这一目的，本书由导论、五个系统性论述和结语组成。

导论对选题背景、核心概念、国内外研究状况予以详细介绍，反映认知现象学在当代心灵哲学中的地位和价值，同时在厘清认知现象学的讨论视域基础上简要概述了本书的基本方法与思路，为理解当代心灵哲学中对认知现象学的讨论奠定基础。

第一章分析认知现象学问题的形成背景，在哲学史中追溯认知现象学的生成脉络，为整体把握其内涵和核心论题奠定理论基础。具体而言，主要从微观与宏观两个方面加以展开。微观上探究认知现象学中两种不同立场的理论渊源，再结合当代意识研究、认知研究的宏观视角，更精准地定位认知现象学在整个哲学研究中的意义。

第二章阐述认知现象学的基本内涵与核心问题，强调其对扩展现象意识研究边界的重要性。具体从基本域面、本质特征和基本类型方面审视当代认知现象学的理论框架；从有意识思维的现象特征存在与否的存在问题、认知的现象特征与意向特征之间的意向性问题、认知的现象学与知觉的现象学之间的还原问题三个方面挖掘围绕着认知现象学的关键问题。最后，在分析认知现象的基本内涵和核心问题的基础上，论述其对现象意识的理论角色和意义。

第三章批判地分析认知现象学的不可还原论证。围绕有意识思维是否具有现象特征，基于内省的论证将内省作为一种探索意识的可靠方式；基于现象对比的论证以具体情境中的现象差异为分析对象；基于意向性的论证则以内容入场的现象意向性为依据。同时，这三个维度在论证认知现象学的不可还原性时所遭遇的挑战，为寻找更为充分的解释提供了基础。

第四章尝试建构不可还原论的认知现象学的可能路径，并从三个层面予以展开：吸纳传统现象学对意向性和内省的理解，丰富认知现象学的理论内涵，并将现象学方法作为认知现象学的基本方法；借助具身认知从无身到具身再到现象身体的洞见，搭建认知现象学的身体基础；克服第一人称和第三人称方法的对立，立足于对生活世界的分析，为认知现象学提供现实依据。

第五章则作为对认知现象学的延展性探索，从具体问题阐释认知现象学对哲学理论的启示和拓展。一方面考察认知现象学应用于分析意识难问题、符号入场问题、自我意识和身体意识的可能性，揭示认知现象学为意识研究带来的新的思考；另一方面以认知现象学对现象学的重新解读为基底，放眼于一种更为广义的现象学，并以注意的、情感的现象学为衍生，以期在充盈认知现象学的理论视域的基础上展望认知现象学的发展趋势。

五　创新点与难点

本书的创新点有三个：其一，从横向和纵向两个维度，结合胡塞尔现象学与当代讨论中的近义表达，辨析当代心灵哲学中的"现象学"内涵；其二，以认知现象学中现象意识和现象意向性为基础，说明意识研究中融合现象学与心灵哲学的合理性；其三，基于胡塞尔的意识观、梅洛－庞蒂的身体观等传统现象学理论，提出解释认知现象学的可能路径，进一步挖掘身体在具身认知中的动态作用，建构基于现象身体的认知现象学。

本书的难点在于：第一，如何凝练传统现象学中关于"现象学"理解的"家族相似性"，并据此深入分析当代心灵哲学中尚未形成统一界定的现象意识和现象意向性概念；第二，如何从对生活世界的分析中克服第一人称和第三人称的对立；第三，基于对认知现象学的不可还原解释，如何将其作为一种广义理论扩展至注意与情绪等更多维度。

第一章　认知现象学问题的形成背景

综观近现代心灵哲学对意识的研究，从肯定所有的心理状态都是有意识的普遍观念，发展到了承认存在无意识的心理状态，但何种心理状态可作为有意识状态仍众说纷纭。对意识的研究也多集中在感觉经验和知觉经验方面，特别是当代心灵哲学将现象意识的范围限制在知觉经验之内，如布洛克将认知划为存取意识，作为由理性控制思维和行动的过程，这引发了对有意识思维的范畴及其本质的思考。因而，关注有意识思维及其现象特征的认知现象学应运而生，并伴随着有意识思维是否具有现象特征、认知现象学存在与否的广泛争议。对此，总体上可分为限制论和扩展论两种立场①。

限制论将现象特征限制在知觉范畴，认为知觉状态具有独特的现象特征，思维、理解等认知状态缺乏现象特征。"身体感觉和知觉经验具有对现象的感觉或心理学的直感，是现象特征的主要例证。认知状态缺少现象特征。"② 也就是说，所有的意识都是知觉的，有意识的知觉状态具有独特的现象特征，知觉现象学是唯一的现象学。其中，较温和的观点认为有意识思维的现象特征以知觉现象学为基础，较激进的则彻底否定有意识思维的现象特征。与之不同，扩展论认为除了知觉状态具有现象特征外，认知

---

① 立场划分涉及对现象意识的界分，取决于将何种状态归于现象的意识以及它具有哪种现象特征。克里格尔依据立场将研究者划分为"现象的膨胀论者"（phenomenological inflationists）和"现象的紧缩论者"（phenomenological deflationists）；西维特将研究立场分为"包容主义"（inclusivism）和"排外主义"（exclusivism）；普林茨将研究立场分为"扩展论"（expansionism）和"限制论"（restrictivism）。本书采用表达更为简洁、使用更加广泛的"扩展论"与"限制论"概念。

② D. Braddon-Mitchell and F. Jackson, *Philosophy of Mind and Cognition* (Oxford: Blackwell, 2007), p. 129.

状态也具有现象特征，并构成一种独特的现象学。"看到红色、理解句子等都属于经验片段的范畴，主体具有质性的特征。思维的现象特征是一个连续的模式，与听或听觉、看或视觉等的现象特征存在着复杂关系。"①"意向状态具有现象特征，这个现象特征是经历一个特殊的意向状态和具体的意向内容的'它像什么'。无论是相信、渴望等态度的改变，还是具体的意向特征的变化，现象特征也随之改变。"②据此，扩展论对限制论的解释提出质疑，认为知觉对意识的解释是不完整的，忽略了认知状态的现象意识，而认知现象学不能还原为知觉现象学。在此，对意识能否超出知觉范畴、有意识的思维是否具有现象特征等问题的探讨，在当代心灵哲学中表现为以认知现象学为主题的相关讨论。为理解关于有意识思维的当前争论并澄清其所代表的立场，有必要追溯其生成的背景，从生成环境中理解认知现象学的形成。

第一节　认知现象学的扩展论源泉：意识与认知的统一性

一　笛卡尔的思维与意识的等同观

作为近代心灵哲学的开端，笛卡尔对心身问题的分析为后来的讨论定下了二元论基调。他在将世界划分为心理与物理世界的基础上，进一步将人分为心灵和身体两个实体。人的心理实体是心灵，其本质特征是能思考而无广延，具有感知、思想、情感等属性；人的物理实体是身体，其本质特征是有广延而不能思考，具有运动、大小、颜色等属性。心灵与身体拥有各自的本体论地位、特征与属性，这构成了笛卡尔式的实体二元论格局，近代的心身观主要得益于此。相较于后来的二元论，笛卡尔二元论的

① C. Siewert, *The Significance of Consciousness* (Princeton, New Jersey: Princeton University Press, 1998), p. 18.

② T. Horgan, J. Tienson, "The Intentionality of Phenomenology and the Phenomenology of Intentionality," in D. Chalmers (ed.), *The Philosophy of Mind: Classical and Contemporary Readings* (Oxford: Oxford University Press, 2002), p. 521.

特点在于，不仅赋予心灵以独立的本体论地位，并且指出了心灵活动的本质是思维活动。

笛卡尔以普遍怀疑作为追求真理、发现确切知识的方法，这一方法成为其哲学的出发点和前提，即"我思故我在"。斯宾诺莎曾简洁明确地阐述了这一发现过程：笛卡尔从所有能够怀疑的一切对象出发，直到追溯至无法怀疑的地步，才以此作为建构一切知识的可靠基础①。他发现，我们所不能怀疑的是一个思维者的存在，只要我在思考，就恰恰证实了我的存在。作为存在证据的"我思"，表明了一种有意识的状态，有意识的在场才能使我所看、所听成为知识。在此，"我思"具有对其自身存在的意识，"我思"与"我在"之间是一种内在的、自明的关系。笛卡尔在对思维的界说中，明确地指出了这种关系。"思维指以某种方式存在，以致由我们自己直接知觉它，并且对它有一种内部的认知。这样一来，凡是意志的活动、理智的活动、想象的活动、感官的活动都是思维。"② 可以看出，他更加强调思维的直接给予性和自明性，认为思维是我们以某种方式当即意识到内在对象，思维活动是一种意识活动。"在体验的过程中和对体验的素朴反思中，思维和体验的存在是无可怀疑的；直观地直接把握和获得思维就已经是一种认识，诸思维是最初的绝对被给予性。"③ 这里，笛卡尔的考察为有意识思维的直接给予性提供了逻辑起点。

除此之外，笛卡尔扩展了思维的概念。在笛卡尔看来，思维不仅有怀疑、理解、判断、意愿、想象等认知功能，也有感觉功能。"我是一个在思维的东西。一个在怀疑，在领会，在肯定，在否定，在愿意，在不愿意，也在想象，在感觉的东西。"④ 他所理解的思维与一般意义上的思维不同，后者更倾向于认知层面，例如判断、推理、怀疑等智识活动。他的思维所强调的是主体直接的、内部的、当下的活动，既包含了认知层面，也包含了感觉、知觉、情感层面。根据笛卡尔的理解，凡是出现在主体之

---

① 〔荷兰〕斯宾诺莎：《笛卡尔哲学原理》，王荫庭、洪汉鼎译，商务印书馆，2019，第7～59页。

② 〔法〕笛卡尔：《第一哲学沉思集》，庞景仁译，商务印书馆，1986，第165页。

③ 〔德〕胡塞尔：《现象学的观念》，倪梁康译，商务印书馆，2016，第5页。

④ 〔法〕笛卡尔：《第一哲学沉思集》，庞景仁译，商务印书馆，1986，第29页。

中、被主体直接感受到的都属于思维的形式。

笛卡尔在对思维的分析中，将思维形式扩展到了感觉层面，在一定程度上对思维的泛化仍有待商榷，但为我们理解思维与意识关系提供了真知灼见。他将自身意识到的所有活动都归于思维活动，并在进一步阐述思维与意识的共通性之后，将思维引入意识状态的描述之中，为所有的心理活动设定了共同属性。这一理解的意义在于连接了思维与内在意识活动，不仅为有意识思维定下了理论基调，也为认知现象学开辟了广阔的发展空间。

二 布伦塔诺的心理现象与意识现象的等同观

现象学先驱布伦塔诺虽然沿袭了笛卡尔的思路，也将现象划分为物理现象和心理现象，但对界分二者的标准提出质疑。他认为，以是否具有广延性来划分物理现象和心理现象并不明确，广延性表达的是物理现象的独有特征，而对心理现象仅仅是一种否定性界定。于是，他从心理现象的三种特性出发提出了肯定性解释：第一种特性是意向性，每一心理现象都有所指，判断、爱恨、渴望、恐惧等心理活动都指向对象；第二种特性是觉知性，心理现象对意向对象的内在觉知是直接明证的、有意识的；第三种特性是统一性，即多重的心理现象以统一的形式呈现。其中，意向性与觉知性分别标示了心理现象的"外在对象性"和"内在对象性"，二者构成了心理现象的核心要素。据此，布伦塔诺又进一步将意向性和觉知性视作划分心理现象与物理现象的充要条件，作为辨识心理现象与非心理现象的关键所在。

在这一意义的基础上，他将"心理现象""心理行为"等同于"意识"，意识指涉的是"关于对象的意向的内存在特征"①。所有的心理现象、心理行为都是有意识的，这种意识不仅含有主体对对象的一阶意识，还具有对自身的二阶意识。一阶意识与二阶意识分别以不同方式进入主体的意识之中，构成意识统一体的两个层面。例如，当听到了一首美妙的乐曲

---

① 〔德〕弗兰兹·布伦塔诺：《从经验立场出发的心理学》，郝亿春译，商务印书馆，2017，第120页。

时，主体既有对外在对象的听、判断，也有对这一行为的觉知，这时多个心理现象就同时出现在意识之中。"我们之中同时发生的诸如看、听、表象、判断与推理、爱与恨、欲求与躲避等所有心理现象，只要它们被内在地知觉为一同存在，它们便属于一个统一的实在。这是意识统一体的必要条件。"① 换言之，布伦塔诺实则是为归入意识统一体设置了准入门槛，当且仅当主体对心理现象有所觉知或有所意识时，才可将之归入意识统一体。在此基础上，意识统一体按照所觉知到对象的不同方式，将心理现象分为三种基本类型：表象指的是意识行为的表征对象；判断指的是对命题的肯定或否定；情感与意欲，包含了除前两种之外的所有心理现象，并扩展到了希望、决心和意图。"心理现象不仅包括我们感知觉、现象所获得的呈现，还包括判断、回忆、期待、推理、确信、观点、怀疑。"② 可以看出，布伦塔诺的意识统摄了听、看等知觉经验，判断、怀疑等认知经验，爱、恨等情感经验，构成了一幅统一的意识图景。

对于如何描绘这一意识图景，布伦塔诺采取的是一种强调关注经验基础的心理学方法。由于心理现象的觉知性，这种内在觉知以当下显现的心理现象为对象时，具有直接明证性，因而主体对心理现象的内部觉知成为经验的首要来源。同时，他将心理现象等同于意识对象，这无疑扩展了意识的范围边界，为意识研究向认知的拓展赋予了可能性。心理现象的意向性和觉知性两个决定性特征，为有意识思维的现象意向性讨论奠定了基础。在当代心灵哲学的语境中，他所主张的是第一人称的方法，这为后来的意识分析提供了方法论指引。

三　胡塞尔的意识概念

作为现象学关注的焦点，胡塞尔对意识有三种相互交杂的理解，其完整表述如下："1. 意识作为经验自我所具有的整个实项的现象学组成、作为在体验流的统一之中的心理体验。2. 意识作为对本己心理体验的内觉

---

① 〔德〕弗兰兹·布伦塔诺：《从经验立场出发的心理学》，郝亿春译，商务印书馆，2017，第193页。
② 〔德〕弗兰兹·布伦塔诺：《从经验立场出发的心理学》，郝亿春译，商务印书馆，2017，第95页。

知。3. 意识作为任何一种'心理行为'或'意向体验'的总称。"① 在此，他聚焦于统一性、主体性、意向性这三个核心意义谈论意识。

首先，统一性对应于意识流，这是一种较为宽泛的界定，广泛地将主体所意识到的经验都包含在内。知觉、思维、情感均属于意识的研究对象。"知觉的、想象的、图像的表征，概念化思维的行为，如猜测与怀疑，欢乐和悲伤，希望和恐惧，愿望和意念的行动等都是'经验'或'意识的内容'。"② 根据胡塞尔，概念化思考行为同知觉、图像表征均属于意识的范畴，体现出了意识在流动变化中的统一性和整体性。其次，主体性对应于意识主体的内在活动，涉及主体对心理活动的有意识地觉知。胡塞尔指出，对意识的分析必须回到主体性自身。主体性的自身意识具有多种方式，如闻到玫瑰花香、观看一场电影、思考哲学问题、想起尘封往事等形式多样的意识体验。各种意识体验的共同之处在于，主体对其感受的显现传达了意识的主体性特征。最后，意向性对应于所有的意向生活经验，一方面表现了意识主体关于对象的指向活动，另一方面彰显了意识主体构造对象的能力。主体不仅能够意识到客体化的对象，如一杯咖啡、一束花，也能够意识到非客体化的对象，如感到焦虑或虚无。在这个意义上，意识总是关于某物的意识。

可以看出，在胡塞尔的意识概念中，意识的主体是自身，意识的本质是体验。意识作为一种体验着的自身，每种意向体验是由意向质料和意向质性两部分构成。主体在希望、判断、回忆、肯定、怀疑时具有不同的主观感受，这是体验的意向质性，而构成体验成分的是意向质料。质性与质料之间可以自由组合，如希望那是一条狗、怀疑那是一条狗。在此，他将认知方式上的区别等同于体验方式上的差异，而这种差异会体现在对同一命题的不同判断之中。每一种不同的意向质性都有其独特的现象特征。处于某一意向状态的感受与处于另一意向状态的感受可能完全不同。同样，各不相同的意向质料分别对应各自的现象特征，意向质料随体验感受而变

①〔德〕胡塞尔：《逻辑研究》第二卷，倪梁康译，上海译文出版社，2018，第406~407页。

② T. Horgan, J. Tienson, "The Intentionality of Phenomenology and the Phenomenology of Inten-tionality," in D. Chalmers (ed.), *The Philosophy of Mind：Classical and Contemporary Readings* (Oxford：Oxford University Press, 2002), p. 523.

化。体验上的差异以不同方式显现在感觉经验、思维经验中。知觉、情绪、回忆或抽象的信念等各种有意识状态都具有特定的主观特征和现象质性，正是这一点使得心理状态成为有意识的。事实上，我们能够区别当前所发生的诸多有意识的心理状态，其原因在于居于状态中的某种感受。因此，仅仅将体验限定在感觉、知觉范围内，是对意识的边缘化和狭窄化解读，阻碍了对意识概念的全面理解。

四 詹姆斯的"意识流"概念

在《心理学原理》中，詹姆斯对感觉作为心理事实的最基本元素、作为心理学研究的起点提出质疑，认为以感觉为基础的、归纳式的建构方法背离了经验本身，而意识经验是各种对象和关系的复杂集合。感觉是否是构成心理事实的原子、感觉是否是经验的要素，关涉到对心理学的研究对象的确定，是心理学研究的迫切问题。对此，詹姆斯的回答是："心理学家所要面临的第一个事实就是某种思想正在进行着。"① 接着，他阐述了思维得以进行的五个特性。

第一，思维是意识的组成部分。每个主体都具有思维，不同思维之间的关联证明了这种意识状态是真实存在的；主体之间的隔阂，又造成了思想的孤立性和不可还原的多样性。这一观点所关注的主体不是心理学的研究对象，恰恰相反，心理学正是以主体的存在为前提。在这一前提之下，心理学所要呈现的是主体的构成，而思想是个人自我的组成部分。

第二，意识之中的思维变动不居。詹姆斯认为，人的意识状态分为知觉、认知、情感等不同类型，且以多种流动方式形成了复杂状态。与一些哲学家将感觉视为意识的基本要素不同，他对主体能否发现流动中的基本事实保有怀疑。正如赫拉克利特所说，人永远无法两次踏进同一条河流。不仅主体对同一对象的感受在不断变化，同时，感受能力本身也在发生实质性的改变。

第三，意识之中的思维是可连续的、可感知的。连续是从时间角度来

---

① 〔美〕威廉·詹姆斯：《心理学原理》第一卷，方双虎等译，北京师范大学出版社，2019，第224页。

说的，如从纯粹时间上来讲，从睡眠到清醒是时间的中断又接续；可感知是从质性角度来说的，从感受上来讲，回忆、判断、渴望等是具体感受。连续性与感知性均属于同一个意识主体。基于此，詹姆斯提出了著名的意识流概念。"意识不是衔接起来的，而是流动的。形容意识最贴切的描述就是将其比作为'河'或'流'。因此，我们将其称作思想流、意识流，或主观生活流。"① 显然，詹姆斯所说的思维、意识、主观生活具有相同的外延。当具体事物以链条的形式出现在思想之中，从一个思想到另一个思想的转换过程是感受的持续和整体意识的组成部分。除了对具体事物有独特的、实体性的感受之外，主体对思维或者理性的纯粹心理活动、抽象的实体也有感受。各种构成相互融合，共同形成一个延伸的意识。值得注意的是，他批判了两种传统立场：经验论完全忽视了认知状态中的感受性，唯理论则否定了感受性对认知功能的作用。相反，主体能够较为明显地感受到认知层面的差异，如理解与否属于两种完全不同的心理状态。对于主体来说，认知状态的感受质性是不容置疑的事实。知觉的感受质性所对应的是对客观性质的意识，而认知的感受质性所对应的是模糊的、流动的意识。因而，意识视野与所感受到的范围呈现出了广泛的、变动的特点，不同感受的序列共同构成了意识的链条。

第四，意识之中的思维负载独立的认知功能。凭借客观对象在多样性中的同一性规则，思维才能够实现对外部对象的认识，并达成心理状态与所意指对象的连接。虽然心理状态与意向对象不断变化，但有意识的思维始终是恒定的。思维将事物、特性或其他要素从经验中抽象出来，通过识别、表征等不同方式的加工呈现为知识，这是思维所具有的认知功能。但是，思维得以展开的前提是意识的出现，当我们进入无意识或潜意识的状态时，意识与心理状态便无从考究。

第五，意识之中的思维具有选择性。这一选择过程表现为外在对象以内在相似性的图像形式投射到感觉表面，意识主体根据图像呈现出的相似或区别做出判断。同时，以所投射的图像中不变的特征为原则，对图像进

---

① 〔美〕威廉·詹姆斯：《心理学原理》第一卷，方双虎等译，北京师范大学出版社，2019，第 240 页。

行归类形成范畴。如果将心灵比作剧场，每个阶段可能同时上映不同剧目。意识的作用是把所有可能性加以处理，在一次次选择中构成意识世界。

詹姆斯在对思维、"意识流"的解释中蕴含了思维与感受的统一性倾向，这一倾向特别体现在对思维的狭义和广义的划分，二者分别指涉心理片段的具体类型和有意识的心理片段，詹姆斯将后者用于意识流。有意识状态除了独特质性和认知功能的意义之外，还可用"感受"来描述其一般意义。这两种意义同时包含着感觉的现象特征和思维的现象特征。

五　摩尔意义理解中的意识

在近代，摩尔的理论在一定程度上肯定了认知现象学。他反对洛克、贝克莱、休谟等经验主义者将理解视为内部图像运行的观点，明确指出理解与认知经验的相关性。物质对象通过不同感觉形式的加工处理，将知觉转变为脑中的知识，从而使得知识以特定方式呈现为大脑中的相关感觉信息。实际上，大脑中的"直接理解"的模式先于感觉，每个知觉行为包含了对相关感觉信息的直接理解，并构成了当下的、个人的、内在的意识。在对直接理解的洞见之上，摩尔进入命题和关于命题知识的事实，特别注重意识对命题意义的直接理解。

为了避免混乱，他首先澄清了命题一词，指出命题是经由命题内容和命题态度，达到意义的过程。这一界定实际上将命题等同于理解意义的过程，并在很大程度上依赖于命题内容、命题态度。一般来说，命题是由语词所组成的句子，而他进一步从句子意义的角度剖析命题。也就是说，命题不是由语词构成的句子，而真正指涉的是这些语词的意义。"我现在要说出语词形成句子，如：二二得四。当我说这些话时，你不仅听到词，也能明白词的意思。也就是说，你脑中的某种意识的行为，超出了言语的听觉，意识的这一行为被称为对语词意义的理解行为。"① 即使语词内容发生变化，例如"三三得九"，我们仍能获得对句子意义的理解。于是，他就将意义理解称作命题，以上分别是理解了"二二得四"的命题和理解了

---

① G. E. Moore, *Some Main Problems of Philosophy* (London：Allen and Unwin, 1953), p. 57.

"三三得九"的命题。在这个意义上，这两个理解行为是相同的，只是在所理解内容上有所差别。

根据摩尔的解释，命题不是语词，而是意义。当我们说理解了一句话的意义时，除了听到句中的语词以外，还在脑中产生了意义。这种情况在听到完全不懂的句子时体现的尤为明显。比如，一个不懂中文的人听到一句中文，他除了听到声音之外别无其他。在此，听懂与听不懂就揭示出主体除了听到语词之外，是否还有对其意义理解的意识行为。理解行为与理解内容之间是一种形式与内容的关系，同一种理解行为可以指向不同内容。主体可以理解在不同语境中负载同一意义的命题。以"明天可能会下雨"这一命题为例，将其置入三种不同语境：我相信"明天可能会下雨"、我不相信"明天可能会下雨"、我听懂了"明天可能会下雨"。在这三种语境中，主体对命题内容的理解不变，但朝向命题的态度发生了变化。在此，摩尔将思维的理解视作意识事件，对意义的理解中蕴含着对意义的意识。

除此之外，摩尔也将对感觉信息的"直接理解"应用于命题，作为理解命题的独特方式。主体不仅在看到红色、听到声音、感到牙痛时有直接理解，也对命题意义产生直接理解。听到"二二得四"，理解了这些单词的意思就是一种直接理解。但是，看到一个颜色与理解一个命题是不同的。颇为遗憾的是，他虽然指出命题的直接理解与感觉信息的直接理解不同，但并未对二者的不同之处予以明确分析。就理解来说，摩尔说明了只要对关于某物的命题有直接理解，主体就处于对该物的意识之中，即主体进行着关于该物的思考。这样一来，理解实际上就是一种有意识的状态，这与认知现象中的有意识思维不谋而合。

从笛卡尔到摩尔延续着意识的统一性脉络，并在一定程度上将意识经验由感觉扩展到思维。因而，意识的统一性体现了研究领域的深入，构成一种整体性的研究框架：一方面，意识作为一个整体，不仅包括知觉领域，还应当包括推理、判断、理解等认知领域；另一方面，统摄于意识之中的知觉和认知都共享着意识的特征，知觉活动和认知活动都显现了意识的感受性。特别需要注意的是，对认知活动中非理性要素的肯定，使得现象特征超出知觉、走向认知，而对认知经验中现象特征的肯定正是认知现象学的核心诉求。

第二节　认知现象学的限制论源泉：意识的知觉性

一　传统经验论的知觉观

限制论主张现象意识都是知觉的，而扩展论则认为现象意识将知觉之外的认知范畴囊括其中。二者的分歧暗示了知觉与非知觉的分裂。洛克、休谟等传统的经验论者便认为，所有的心理状态都是以知觉为基础的。在这一原则下，虽然思维是概念的组合，但这种概念的组合是以知觉为基础的。这就使得限制论与扩展论的严格区分难以立足。从所有的现象意识都是知觉的观点来看，经验论在技术上是限制倾向的，将认知也理解为知觉，而扩展论关于知觉与非知觉的分离观早已被经验论予以否定。以洛克、贝克莱、休谟为代表的传统的经验论主张所有的心理状态都是以知觉为基础的，意识、认知建构在知觉系统之上。更进一步，经验论从经验土壤之中挖掘其哲学的生长点，认为感觉经验是形成一切知识的充要条件，并将其分为外在经验和内在经验，分别指涉对外在事物的感官感受与对心灵自身活动的反省。

洛克在探寻知识的起源、可靠性和范围时，提出了著名的白板说①。心灵如同一块白板，一切的观念和知识都是后天的，来源于感觉和反省这两种经验。感觉是外部事物作用于感官的结果，属于外部经验，大部分观念都源于此；反省是对心理活动的知觉，比如知觉、思维、怀疑、推理等属于内部经验。这两种经验是全部观念的源泉，其中感觉观念是反省观念的基础。感官经由对象的可感性质识别出个别的、具体的对象，形成了关于可感性质的观念，完成了知觉对象从心外到心内的转换。心灵在开始知觉时就形成了观念，并经由触觉、嗅觉、听觉、视觉、味觉的途径被人所感觉和反省，形成了构成一切知识材料的简单观念。知觉是最原初的、简单的反省观念。知识是心灵对观念的知觉，并以知觉为前提和界限。人只

① 北京大学哲学系外国哲学史教研室编译《十六—十八世纪西欧各国哲学》，商务印书馆，1975，第360~469页。

有在反观自身经验到的看、听、思、觉时，才能产生知觉。因此，知觉是知识的第一步和第一级。根据洛克，心灵的不同具体状态之间存在巨大的差别，其中，简单意识要素的不同结合方式，形成了不同的意识，这使得知觉成为意识的最基本要素。

近代经验论从贝克莱开始，便由唯物主义走向唯心主义。他否认心灵具有形成抽象观念和事物概念的能力。观念或是由感官引入，或是通过情感感知，或是借助记忆和想象得来。例如，视觉提供关于光、颜色的观念，触觉提供软硬、冷热的观念，嗅觉提供不同气味的观念。因而，观念是外在事物通过感觉形成的，除此之外还有一个能感知观念的主体，即心灵。观念存在于心灵之中，并以被心灵所感知穷尽其存在的意义。根据贝克莱，虽然观念在抽象作用下，看似分离了可感物与感知行为，但我们实则无法离开感知设想任何可感物。事实上，可感对象与感觉是一个统一体，彼此无法分离。他由此指出，"构成宇宙的一切物体，在心灵之外都没有任何存在；它们的存在就是被感知或被知道；因此，如果它们不是实际上被我所感知，或者不存在于我或任何别的被创造的精神的心中，那么，它们不是根本不存在，就是存在于某种'永恒的精神'的心中"①。从被感知方可存在，贝克莱就确立了意识的知觉本质。

与洛克和贝克莱的经验主义类似，休谟认为感觉是观念的来源。他将知觉分为印象和观念，并按照强弱和生动程度分为较强的印象和较弱的思想或观念。简单的知觉即简单的印象和观念，是不能再分的基本单元。印象先于观念，是观念的来源。因而，一切观念只是印象的摹本，它之所以能够出现在心灵之中，是因为唤起了一种潜在的印象，因而观念只是由于习惯才在其表象作用上成为一般状态。心灵的全部创造力是将感官和经验提供给我们的材料加以联系、调换。在此，他把经验论彻底化，认为知识既缺乏客观性依据，又缺乏必然性联系，而因果联系是一种主观的习惯联想，从根本上否定了知识本身的客观性和普遍性。

---

① 北京大学哲学系外国哲学史教研室编译《十六—十八世纪西欧各国哲学》，商务印书馆，1975，第 541 页。

二　刘易斯的感受质与思维的对立

刘易斯在分析心灵与世界秩序时开宗明义地谈到，哲学的工作是分析和解释日常经验。经验是由感觉所予与思维所予两个不同因素共同构成的。由此，他将不同经验给予的、可识别的质性特征称为"感受质"。感受质的直接直觉和给予决定了其纯粹的主观性，而对象的属性是客观的，关于对象属性的归因是一种可错的判断，超越了单一给予的经验。作为标志不同的客观属性的感受质，以其鲜明的差异性标识出了不同对象所具有的客观属性。

感受质是主观的，这一特征通常用有某种感受等一些描述性短语来表述。主体能够标出感受质在经验中的位置，即指明了感受质再现的条件或与其相关的其他关系。实际上，这种定位不涉及感受质本身，个体经验中的关系网可以彼此替代，并且不会对行为产生影响。理解和沟通根本上所必需的不是感受质，而是它隐藏于客观属性之中，显现为经验中具有稳定关系的模式①。对所呈现的感受质的理解是直接的、自明的，对感受质的觉知则无须证明。同时，感受质又是内在的、难以言说的，脱离了其所处的经验之中的关系。这种难以言说加大了感受质与思维的距离，使得它不能抽象为或设想为思维的对象。主体能够以特定的模式形成客观属性的概念，但由客观属性构成的对象及其概念的适用性无法推广至感受质。在一定程度上，概念充其量只能说明不同感受质之间的有序关系及其与不同条件或行为的相关性。

除此之外，客观属性的知识通常超越了当下的给予，是经由主观质性识别出不同知觉对象后形成的知识。对象的知觉知识既不是瞬时经验中心灵与表象的一致，也不是对象在心灵的副本。就心灵与表象的一致而言，心理状态不是认知的，所呈现的对象是不可知的。显现之物的真实性依赖于多个经验的共同作用。在此，刘易斯从感受质角度，对比了经验中的主观因素与思维中的概念因素，从而证明意识与思维之间的不同。

---

① C. I. Lewis, *Mind and The World Order*: *Outline of a Theory of Knowledge* (New York: Charles Scribner's Son, 1929), pp. 117 - 153.

三 赖尔的意识流即感觉流

赖尔从审视日常概念的范畴出发，反对笛卡尔对心灵的神秘性、心身二元性的见解。他否定"心理的"本体论地位，通过对行为的描述来揭示行为背后的特质，从而消解内在世界的本体论。他明确指出，对心理词汇的分析远比思考感觉、触觉、想象等心理活动是否必须具有载体的问题更为重要。"谈论一个人的心灵就是谈论那个人做和经历某些种类的事情的能力、倾向和爱好，就是谈论那个人在日常世界中做和经历这些种类的事情。"① 因而，他对心灵的解释更倾向于行为主义，将心理活动描述为一种活动能力和行为倾向，以行为主义的方式化解心身二元问题。

根据赖尔从日常角度的分析，人们通常从两种意义上理解"感觉"一词：一种是名词形式的感官知觉，包含触觉、动觉等知觉类型；另一种是动词形式的感受到，指的是具有某种感受的心理状态。同时，二者又以统一的方式集中呈现在公共的、可加以观察的描述之中。主体在借助于一种中性的、非私人的语言描述公共对象的过程中，其所具有某种感受的心理状态才能得到证实。但是，疼痛、瘙痒等纯粹的感觉词语是从公共对象中抽取出的表达，脱离了所缘起的公共对象，因而常常导致人们对感觉的理解误入歧途。

为了更明晰地分析感觉，赖尔从概念上区分了"具有感觉"和"进行观察"两个不同概念。前者是指观看、倾听、品尝时可能具有视觉感觉、听觉感觉或味觉感觉，而在这一过程中进行观察是与对象相关的识别活动。人们不能按照分析如何进行观察的方式来分析如何具有感觉。观察是理性的、有目的、可错的，而感觉是直觉的、无目的、无对错之分的，二者是完全不同的。我们可以对人的观察能力予以客观评议，但对感觉能力却手足无措，它甚至不属于"心理的"范畴。换句话说，主体具有感觉并不是一种理性的运用，因而具有感觉与理性认知是相对立的。据此，赖尔得出，心灵本身并不是由特殊材料构成的、具有本体论地位的存在。感觉

---

① 〔英〕吉尔伯特·赖尔：《心的概念》，徐大建译，商务印书馆，2009，第 244 页。

既不是可观察的，也不是不可观察的①。只有在进行观察蕴含着具有感觉时，具有感觉与进行观察之间的清晰辨识才是可能的。

如果"意识流"意味着"感觉系列"，当人与仅有感觉的生物体具有相似的感觉时，我们难以从内容上判断具有感觉的生物是动物还是人。感觉不是观察，反而观察是以观察者的感觉能力为前提。可观察到的公共对象构成了外部世界，自身观察到的内在对象构成了心灵剧场，这种二元对立实际上曲解了公共的与私人的关系。主体能够通过位置和关系等要素刻画外部世界，但无法探知各种感觉构成的内部世界。因而，感觉不等同于觉察、观察或发现。"具有一种感觉"与可感对象并不是处于一种认知关系之中，它仅仅是一种对可感知对象的直观体验的含糊的报道方式。实际上，这是以人能否感觉为标准进行的划分，并将感觉视为难以捉摸的事物或事件。在此，赖尔表露出经验与概念的二元对立倾向，将对心理的解释转化为公共的、可观察的行为和行为倾向，构成了将意识流还原为感觉流的激进的限制论。

四　斯玛特的意识与思维的对立

认知科学为我们提供了物理主义的解释框架，其秉持着唯一实存的是由物理构成的复杂整体的理念。当有机体是物理—化学的合成装置，便能够从机械论角度对其行为予以解释。但是，对人脑如何运行的完整解释，不仅仅涉及组织、腺体和神经系统等物理过程，也涉及视觉、听觉、触觉和痛、痒等内在的触觉的意识状态。对于科学来说，描述主体处于某种有意识状态时的感受，即是对主体的物理事实的描述。现象意识、现象特征不在物理主义的图景之内。据此，斯玛特从奥卡姆剃刀原则出发认为，科学所涉及的是物理对象，而这其中并不包含意识②。

在物理主义框架中，斯玛特更倾向于心脑同一论，即感觉是一种大脑过程。换句话说，"痛"不是某种大脑过程而是对大脑过程的描述。感觉

---

① 〔英〕吉尔伯特·赖尔：《心的概念》，徐大建译，商务印书馆，2009，第247～264页。

② J. J. C. Smart, "Sensations and Brain Processes," *The Philosophical Review* 68 (1959): 141 - 156.

并不高于、外在于大脑过程。当主体可以在对大脑过程一无所知的情况下谈论感觉时，说明感觉的属性不同于大脑过程的属性。在此，他对过程与属性进行了明确区分，对感觉质性的描述是属性的范畴，而心脑同一论的前提是大脑过程并不具有感觉的属性。心理状态的感觉属性是相对中立的，对感觉属性的描述中立于形而上学的本体论界定。因而，这就解释了为何感觉可以是大脑过程，而主体可能对大脑过程一无所知。对感觉的描述也解释了"直感"的单一排他性，这不是指作为大脑过程的感觉没有属性，而是指我们在谈到感觉时并不需要提及这些属性。这样一来，由感觉属性所构成的经验也等同于大脑过程，报告一个经验实则报告了正在发生的大脑过程。

根据斯玛特，经验和大脑过程实际上指涉相同对象，因而经验的规则同样适用于大脑的物理过程。感觉的私人性和大脑过程的公共性显示了内省报告语言与物理语言的逻辑差别。一旦将大脑过程和经验的同一视为偶然，就从逻辑上避免了二者的绝对对应。同时，他反对二元论的经验优先于物理过程的观点，认为这只能导致笛卡尔式的幽灵。在心脑同一的解释中，经验更有可能等同于大脑。实际上，这种激进的主张是把意识经验还原为一系列的感觉状态，而排除了其与思维的实质性联系，这种二元对立成为20世纪后半叶广为接受的立场。

五　普特南的思维外在论

普特南在追问心灵、物质、实在等哲学中的核心问题时，所持立场经历了从物理主义到自然主义的转变。从心身关系的维度来说，这一转变暗含了心灵与身体的关系从隐匿到彰显、从静态合成到动态生成的演变。物理主义的形而上学实在论主张认知客体独立于认知主体，内在心灵独立于外在世界，这是科学得以施展的前提准备。在自然主义的实在论中，心灵不再与世界对立，二者变为相互依赖、相互作用的关系。心灵是在自然生长和生活实践过程中逐步建构的认知能力，并且始终处于一个开放的、未完成的状态。因此，他将这两种实在论归纳为外在论与内在论两种哲学视角。沿着自然主义的思路，普特南指出了知觉并不是心灵与世界的界面，知觉与对象、直接感受到的主观材料与世界密切相关。

为此，普特南利用缸中之脑的思想实验，通过对概念意义的深入分析，阐释了语义外在论的基本立场。作为思维的基本元素，概念是在心灵与世界的交互作用之中形成的。"当我们内省时，并不会感知到'概念'流经我们的头脑。当我们停止或者想要停止思维流，所捕捉的是词语、图像、感觉和感情。"① 可以看出，他并不是要说明概念是语词、图像或感觉，而是意在指出概念或思维既不是指称外在对象的、内在的心理呈现，也不是可内省的实体或事件。概念是以某种方式使用的记号，该记号可能是公共的或私人的、心理的或物理的。在将记号视为心理的、私人的时，它可能丧失其指称外在对象的概念意义。与此同时，记号自身也不能实现内在指称。使用概念并不是支配图像，人可以拥有图像系统，而不具有以恰当方式使用图像的能力。在此，普特南将把握概念的方式与把握想象、感觉、感受的方式分离，并且明确指出把握概念的方式与把握想象、感觉、感受的方式之间的不同。主体并没有经验到外部世界，只是经验了受外部世界所影响的感觉。这一观点将意识置于感觉层面，认为感觉所表征的是"在我身上发生了什么"而不是"外部世界发生了什么"。

总的来说，限制论普遍认为感觉是经验的直接来源，而思维及其概念构成是经验的间接来源。不同于扩展论将心理现象视为一个整体，限制论将心理现象分为纯粹的认知部分和纯粹的感觉部分。前者包括命题态度、具有意向内容的心理状态；后者指具有某种现象特征时居于其中的主体所感受到的质性。在限制论的意义上，感觉是一种"直接的"经验，而思维则是对构成这些感觉元素进行间接地、结构化地作用而形成的意向内容。扩展论和限制论对思维、认知与现象意识的关系，认知与知觉经验的关系的争论，触发了认知现象学的存在论问题。

第三节 认知现象学的时代背景

一 意识潮的兴起

近一个世纪以来，随着认知科学的发展，人们对意识的兴趣也愈发浓

---

① H. Putnam, *Reason*, *Truth and History* (Cambridge: Cambridge University Press, 1981), p. 18.

厚，神经科学、哲学、心理学、人工智能等多学科在这一领域携手并进，掀起了一股"意识潮"。特别是 20 世纪 90 年代以来，在哲学上涌现出一批以意识为主题且颇有影响的著作，以丹尼特的《意识的解释》、麦金的《意识问题》、弗拉纳根的《意识的再思考》、塞尔的《心灵的再发现》、丘奇兰德的《理性的引擎、灵魂的座位》、德雷斯基的《自然化心灵》、泰伊的《意识的十大问题》、查尔莫斯的《有意识的心灵》和利康的《意识与经验》为代表。相比于在 60 年代到 80 年代鲜有人关注，90 年代至今意识已然成为当代心灵哲学中最主要的话题之一，与意识相关的研究更加受到关注。在神经科学和心理学中，意识备受关注离不开神经科学家从意识的神经相关物来解密意识难题。在神经心理学中，意识的认知理论也在这一风潮下受到更为广泛的重视。另外，相关的畅销读物、科学杂志也为意识潮添火加薪，标志着意识研究进入新的时期。在这热闹非凡的潮流之中，意识之谜并未解开，对于什么是意识这一看似简单的问题，人们仍各执己见。虽然人们从不同学科、不同视角解释意识，但往往忽略了物理世界与经验世界之间的巨大鸿沟。通常，我们的日常经验世界包含两个世界：一是具有主观质性的、难以描述的同时又是真实生动的、不可否认的私人经验世界；二是引发经验的物理世界，呈现出大小、颜色、形状、重量等各种不同的客观属性。

面对经验世界与物理世界，人们的观念通常具有二元倾向，即肯定两种不同世界的独立存在。这种二元倾向滥觞于笛卡尔的心身二元论，他将心灵与身体视为截然不同且相互独立的实体，但并没有给出二者如何相关的合理解释。心身交感成为二元论者头上的达摩克利斯之剑，不少哲学家和科学家由此转向一元论，也同样面临着难以解释的问题。唯心主义肯定心灵的实体地位，但必须面对如何处理心灵与物理世界关系的问题。虽然中立一元论反对二元论，但在物理世界的本质以及心物如何统一问题上仍存在分歧。唯物主义将物质视为唯一本体，导致无法解释物理的脑如何产生非物理的意识这一问题，特别是经验的主观质性构成了查默斯所说的意识难问题。此外，还出现了意识的神秘主义、不可知论的倾向。内格尔通过提出"成为一只蝙蝠像什么"的问题对唯物主义发起挑战，并从意识的主观质性方面出发探寻心身关系复杂难解的原因，类似的质疑可见于与意识相关的"感受为何"、主观性或现象特征、感受质、难问题等。不可知论则认为意识超出了认知能力，虽然我们可以了解许多心灵工作的细节，但无法真正完全理解意识。正是这一维度的质疑，提醒我们注意到意识的主观部分的重要性。在当代心灵哲学的讨论中，意识经验的主观部分被称为现象特征或现象意识，并将其视为意识问题的核心。

此后，知觉、认知与意识的关系就成为意识研究中关注的焦点。一方面，如果意识只是附加物，就需要考察其意义何在、从何而来、作何用处，这构成了意识难问题；另一方面，如果意识是大脑过程的必要成分、与大脑共同进化，以解构意识问题的难易之分消解了意识难问题。这两个方面始终成为意识研究中难解难分的议题。近年来，随着现象意识逐渐成为意识研究的关键对象，出现了不乏将现象意识等同于意识的表达，彰显了现象意识愈加显现的重要地位。

二　分析哲学与现象学的融合

对心身关系的研究，20世纪英美分析哲学和欧陆现象学的发展大致呈现出一幅分离对峙的图景。分析哲学以第三人称的意识为研究对象，吸收认知神经科学、脑成像、发展和认知心理学、精神病理学等科学研究成果，特别关注心身问题、心脑问题，形成了以赖尔、阿姆斯特朗、普特南、福多、丹尼特、塞尔、丘奇兰德等为代表的分析哲学的研究脉络；现象学以第一人称的有意识经验为研究对象，形成了以胡塞尔、海德格尔、萨特、梅洛－庞蒂等为代表的欧陆哲学的研究脉络。这种对立格局导致两个学科的成果和方法难以联合，阻碍了意识难问题的解决和加深了解释鸿沟。

要想解决这一困境，形成新的生长点，打破分析哲学与现象学的对立格局已是大势所趋。不难看出，分析哲学的现象学转向蕴含着深刻的时代必然性，它是认知科学发展的必然结果。为解决神经组织的活动如何产生意识状态之谜，认知科学立足于当代神经生物学、脑科学等自然科学的研究成果解释意识经验。第一代认知科学以经典的人工智能为代表，通过符号的操作实现基本的推理和认知，强调精确的、符号的表征在人类思维中起着至关重要的作用。第二代认知科学以联结主义为特点，主张使神经网络模拟大脑活动的程序占主导地位，认为模糊的、前符号的分布式表征是人类认知的关键。例如，神经科学利用电子计算机断层扫描、脑电图、正电子发射断层显像、脑磁图、经颅磁刺激等非侵入性手段分析神经活动和脑功能。但是，这种科学主义的方式不过是将意识解释为大脑的神经元和电化学反应的产物。

可以看出，认知科学侧重强调的是第三人称方面，缺乏与第一人称经验的连接。只有同时诉诸现象学和具体科学才从整体上回答意识问题，而对现象学的重新回归对这一转变提供了直接的推动作用。前两代认知科学遵循了笛卡尔的二元论思路，坚持身体和心灵具有本质上的不同，二者的分裂对峙遭到当代心灵哲学家的广泛批判，如德雷福斯从梅洛－庞蒂和胡塞尔的现象学出发，批判了计算主义、联结主义，并对第三代认知科学做出了积极的回应，强调身体在人类智力中的作用。20 世纪 90 年代初以来，第三代认知科学愈加关注身体对心灵的作用，表现为具身认知观的提出和兴盛，而现象学的身体理论对具身认知的提出具有导向作用。以胡塞尔、海德格尔和梅洛－庞蒂为代表的传统现象学在当代复兴，预示了分析哲学与现象学合作的可能性。除此之外，值得注意的是，认知神经科学的极大进展促进了研究认知经验的现象学方法的提出。复杂的脑成像仅仅是对大脑的惊鸿一瞥，利用非侵入性技术观察神经处理图像，使得实验结果在一定程度上依赖于试验者的经验报告。为了设计出恰当的实验，研究者尝试了解试验者的经验描述，而现象学方法以第一人称进路处理个人主观经验和感受，有望成为描述有意识经验的可靠方式。

简而言之，在当代心灵哲学中，现象学传统与分析哲学传统互相交织，现象学的方法、概念也与经验科学相互呼应。现象学有助于克服分析哲学的缺陷，并在一定程度上提升了经验科学的解释力。更为重要的是，独特的现象学径路不仅丰富了关于心灵的研究，也结合分析传统的自然科学径路，在重新解释心灵过程中衍生出更为详细的、具体的分析，如意识、知觉、意向性、时间意识、行为等。因此，深刻理解现象学对意识的分析，也成为颇具重要意义的工作。

第二章　认知现象学的基本内涵
与核心问题

在心理生活中，现象意识状态是主体具有感受的心理状态，这种状态具有一种主观质性，处于其中的感受被称为该状态的现象特征。即是说，现象意识状态由主观性和现象特征两个部分构成。在当代心灵哲学中，现象意识状态的范畴一般包含了知觉状态，如听到鸟叫、感到疼痛等。这一范畴能否扩展到认知状态，即有意识思维、判断等认知状态属于现象意识状态吗？认知状态与知觉状态有何分别？知识、思维、观念能影响知觉经验吗？有独特的认知现象学吗？这些问题引发了20世纪90年代以来关于认知现象学的争论。

第一节　认知现象学的基本内涵

基于认知现象学的前沿性和复杂性，目前尚未达成对认知现象学的一致界定，而是基于不同的预设和视角形成了不同的解读。为了澄清认知现象学的内涵，以下尝试从域面界定、本质特征、基本类型着手展开系统梳理。

一　认知现象学的域面界定

要理解认知现象学的内涵，首先需要辨明"现象学"一词①。在原初

---

① 在认知现象学中，"认知"指的是相对于情感而言的高级认识现象，如思维、理解等。"现象学"有两种含义：一是作为一种哲学理论的现象学；二是指人身上实（转下页注）

意义上，"现象学"是一门以意识为研究对象、由胡塞尔所开创的欧陆哲学分支；在当代心灵哲学的框架中，"现象学"是研究有意识状态的现象特征的哲学思潮。心灵哲学重新启用"现象学"概念表现了人们对传统现象学的重视，但同时也引发了两方面的误解：一方面，布伦塔诺、胡塞尔等现象学家的研究对象是经验现象，而非经验的质性；另一方面，传统的现象学并未专门研究或主要涉及经验的质性特征。现象学的目的不是记录心理状态的"感觉"，而从第一人称角度剖析意识经验的基本类型和结构，分析经验类型的逻辑关系、概念关系，侧重的是经验的意向结构和表征结构。据此，现象学的方法不是内省式地向内凝视意识流，而是进行胡塞尔所说的"现象还原"，这就使得关注点从整个经验世界、自然世界、心理学经验转向基于各种意识经验本质及其意向性的心灵研究。而心灵哲学中的现象学则延续传统现象学对意识的第一人称描述的重视。可以说，"现象学原义是对现象学新义的研究"，共同指涉了居于有意识状态中的主体所具有的现象特征①。为了避免混淆，本书仍使用"现象学"一词表达原义，用"现象特征"一词来表达"现象学"新义。

　　现象特征最早源于内格尔在反还原物理主义时所使用的"感受为何"，指的是主观的经验质性。他认为判断有意识经验的根据是，处在该状态中的主体能够体验到的某种感受，并吸纳生物学来为主观的经验质性辩护。经此，建立起了意识类型与意识生物载体的关联，生成了生物类型与意识感受之间的联结。这种建构表现在两个方面：一是同种类型的有机体可以辨别出经验不同对象时的感受，二是不同类型的有机体能够生成各自不同的主观视角和感受。但是内格尔意义上的"感受为何"的问题在于，主体

（接上页注①）在地表现出来的现象特征。因此，"认知现象学"就包含了两层意思：一是指探讨认知经验有无现象特征的专门的心灵哲学分支，二是指具有不同于知觉的现象特征。国内对"cognitive phenomenology"主要有两种译法，分别为"认知现象性"与"认知现象学"。虽然二者均指的是主体处于认知经验时所具有的、不同于知觉的现象特征，但前者更倾向于表达的是关于认知的现象性与知觉的现象性之间关系的问题讨论。笔者认为，认知现象学已倾向于发展为涵盖诸多相关问题的、相对独立的心灵哲学分支，因此，本书采用"认知现象学"作为"cognitive phenomenology"的中文翻译。但是，认知现象学与通常所理解的现象学差别较大，需要置于当代心灵哲学的语境中加以解读。

① G. Strawson, "Cognitive Phenomenology: Real Life," in T. Bayne and M. Montague (eds.), *Cognitive Phenomenology* (New York: Oxford University Press, 2011), p. 286.

经验与生物类型的简单联结实际上呈现出用生物主义替代物理主义的倾向。除此之外，知觉状态和认知状态属于两种不同的心理状态。前者是有现象特征的意识状态，后者则与现象特征没有直接关联。这与传统的心灵哲学中现象特征与意向特征、知觉状态与认知状态的二元划分不谋而合。传统的心灵哲学认为，现象特征不同于意向特征，相信、欲望、思考和判断等认知状态具有意向特征，知觉状态兼具现象特征和意向特征。例如，我对眼前的一朵红玫瑰的视觉体验既是意向的——表征了"一朵红玫瑰"，也是现象的——包含经验到一朵红玫瑰的感受。知觉状态具有现象特征、认知状态缺乏现象特征已成为共识。

这种传统观点受到了挑战，二者是否截然分离遭到了质疑。日常的意识经验通常比较复杂，不同感觉模式之中交杂着思考、感受和体验，从而合成了整体现象意识状态。知觉状态以感官感受、肌肉感受等为例，认知状态以思维、判断、观念等为例。随着质疑之声的不断涌现，沿袭现象学传统的哲学家从意向性出发，以现象意识的意向性反思现象意识与认知经验、现象特征与意向特征之间的对立关系[1]。他们认为，胡塞尔用"意向的生活经验"来指称意向的心理状态，所指向的是现象意识状态。对于现象学家来说，有意识思维是意向的、现象的意识。令人感到遗憾的是，传统现象学家普遍侧重于对知觉经验的分析，而并未展开对有意识思维的挖掘。

认知现象学正是从对共识的质疑开始，在传统现象学的启发下展开对认知的现象特征的研究，主要探讨有意识的判断、思考、相信等认知状态是否具有独特的现象特征的问题。由于不同研究分别从各自角度参与认知现象学的争论，关于何为认知现象学并未形成共识，但其所讨论的问题和预设仍有章可循，以下将尝试从这两个方面界定认知现象学。

从所讨论的问题来说，在最广泛的意义上，认知现象学所讨论的是认知状态与现象意识状态的关系问题。这就涉及现象意识状态的范畴。何种状态属于现象意识状态？该状态具有何种现象特征？认知状态是否具有现

---

① M. Tye, *Ten Problems of Consciousness*: *A Representational Theory of the Phenomenal Mind* (Cambridge: The MIT Press, 1995), pp. 3, 20, 53.

象特征？如果有，认知状态与感觉的、知觉的、情绪的状态相同吗？认知现象学能否还原为知觉现象学？围绕这一系列问题，当代心灵哲学对认知的现象特征进行思考，并与传统现象学融合形成认知现象学，并以有意识思维是否具有非知觉的现象学为核心问题展开讨论。

从狭义上讲，认知现象学是关于有意识思维的现象特征的学说，所讨论的主要问题包括：有意识思维的本质是什么？处于思维状态是什么样的？有意识思维是否具有专有的现象特征或认知的"现象学"？当前有意识的认知片段的现象特征能否只借助相似类型的现象经验得到解释，如感觉的、知觉的、情绪的经验？从直觉上来说，有意识地思考、判断和相信有某种感受。如果有意识的认知经验具有独特的现象特征，如何予以描述？能够还原为注意、自主控制、反身意识等经验吗？但严格来说，关于认知现象学的争论并不是关于有意识思维是否具有感受的争论，而是涉及认知状态的本质属性，指涉的是认知状态的现象学能否还原为纯粹的知觉现象学、是否存在不可还原的认知现象学的问题。对认知现象学持怀疑态度的人认为，有意识的认知状态是非现象的，即使其中具有现象方面，也只是作为知觉状态的附随物而出现的。这就使得现象意识状态完全由知觉状态构成，认知状态只是派生于知觉状态。与此相反，认知现象学的支持者认为，有意识的认知状态无法还原为有意识的知觉状态或知觉现象学。除此之外，也存在认知如何影响知觉的问题，它处在"认知现象学"的标签之下。

从基本预设来说，"认知现象学是对与认知相关的经验的研究，例如思维、推理、理解"①。在此，经验特指有意识的心理状态，表现为主体在该状态中具有现象特征。在这一范畴之下，关于认知现象学的讨论就排除了无意识的心理状态。因而，认知现象学所解释的是有意识的认知状态，并进一步划分出了认知现象学的研究界域。这一界定可以从三个方面加以解读。其一，认知与经验的关系。经验在认知活动中扮演着重要角色，但并非所有认知活动都与经验相关，如相信这是周三、无梦的睡眠等无意识的活动不涉及经验。其二，处于经验中的主体具有现象特征，有意识的认

---

① D. Smithies, "The Nature of Cognitive Phenomenology," *Philosophy Compass* 8 (2013): 744.

知活动自然而然地负载有这一特征。其三，现象意识中的认知活动是丰富多样的，包括但不限于以下状态：判断、思考、相信、接受、怀疑、推测、记忆、预期、计算、实现、认为、假设等。这些状态作为有意识状态中包含认知层面的部分，成为认知现象学的研究对象。

简而言之，在更为一般的意义上，认知现象学与现象意识、现象特征密切相关。对现象意识状态的传统认识预设了知觉状态被天然地视为现象意识的状态，认知状态则天然地与现象意识隔离，二者又分别对应现象特征与意向特征。随着这一预设不断受到挑战，逐渐形成了以"认知现象学"为主题的讨论。虽然认知现象学是当代心灵哲学中新兴的分支，但从20世纪中期以来，主流的心灵哲学便开始了对认知现象学的探讨。

二 认知现象学的本质特征

心理生活由各种不同的经验构成，如品尝水果、闻到花香、触摸手机、听到音乐、看到日落等，理解这些经验的本质及其意识功能是现象学的主要任务之一。心灵哲学中的传统观点将经验本身称为现象学，如品尝草莓的经验即为一种独特的现象学。在此基础之上，将这类感受归属于知觉，并否定其他类型的现象学。认知现象学则指出认知也具有独特的现象学。从本质上看，认知现象学将现象特征的范围从知觉扩展到了认知，而使得认知现象学具有不可还原为知觉现象学的独特性。

在此，不可还原性指的是部分无法完整描述整体，整体具有超越部分解释能力的新内容。在认知现象学的讨论框架中，不可还原性可以理解为认知现象学超出了知觉现象学的解释能力，认知的现象特征无法还原为知觉的现象特征。肯定认知现象学，即在不同程度上接受了不可还原性，承认"一些认知状态使得主体处于现象意识状态，所有的知觉状态都难以解释这种状况"[1]。也就是说，知觉状态并不是构成现象意识状态的充要条件。当主体所处的"一些"认知状态为现象意识状态时，并不能只是利用知觉状态的现象特征加以解释。

为了更好地理解不可还原性，接下来探讨关于认知状态与现象意识

---

[1] E. Chudnoff, *Cognitive Phenomenology* (New York：Routledge，2015)，p. 15.

状态关系的另一种观点。普遍认为，认知状态会影响知觉状态。例如，判断三角形的内角和为 180 度是否为真，这一认知活动可以呈现为脑中图像化的三角形、三角形的内角和为 180 度等内在语句。在这种情况下，主体由于处于特定的认知状态，也同时处于现象意识状态，且处于完全不同于该知觉的现象意识状态。不可还原性主张，一些认知状态所处的现象意识状态与知觉状态所处的现象意识状态完全不同。丘德诺夫利用数学例子来说明认知状态属于现象意识状态的事实。"最初，你读到'如果 $a < 1$，则 $2 - 2a > 0$'，而你想知道这是否成立。然后，你意识到 a 小于 1 则 2a 小于 2 成立，因此 $2 - 2a$ 大于 0。"① 当主体意识到这一数学命题为真时，其脑中可能会出现"如果 $a < 1$，那么 $2 - 2a > 0$"的内在语句以及图像化变量"a"和数字"1"。在确证其成立后，主体的内心可能会感到满意，这是属于知觉方面的现象意识状态。但是，这些知觉状态并不能说明主体所处的整体的现象意识状态，还遗漏了其他一些现象意识状态。不可还原性利用证实数学命题为真的情形，引出现象意识状态中的认知部分。

在认知活动中，运行着推理、猜测、判断等概念处理过程。以解决问题时脑中灵光突现的顿悟经验为例，顿悟的特点是突然而至的确定感，而知觉无法解释这一感受。实际上，人们将顿悟经验视为非认知经验，这表现了对顿悟经验的两个误解。第一个误解认为，情感可以解释顿悟经验的现象学，找到答案的感受只不过是一种快乐感。求解者最初会感到快乐，这种快乐在继续解决问题时会逐渐消失，但确定感是从始至终存在的。因而，顿悟时的确定感是解决问题的必要条件。第二个误解认为，感觉可以解释认知的现象学。虽然确定感在某种程度上依赖于传统的感官感受，没有看到、听到或感受到就不能解决问题。但是，感官信息并不能充分解释基于语义的复杂推理。语义不仅仅在脑中，还指向外部对象。除了来自感官信息以外，也涉及理解语义后的认知推理，因而感觉方式无法解释推论中所产生的确定性感受。对此，在认知神经科学中功能性磁共振成像和脑电图对大脑活动及其频率特征的监测，也证明顿悟时刻

---

① E. Chudnoff, *Cognitive Phenomenology* (New York：Routledge, 2015), p. 16.

所揭示的认知机制的独特性①。

　　根据不可还原性，一些知觉状态虽处于现象意识状态，但又不足以解释整体的现象意识状态。但不可还原性不能说明仅凭借认知状态就能够说明整体的现象意识状态，也无法说明认知状态所参与的现象意识状态完全依赖于认知。在一定程度上，不可还原性只是能够说明认知的现象意识状态不同于知觉的现象意识状态。这种不同之处在于，认知现象学有其独特的现象特征。正如皮特所说："我相信当前的有意识思维的现象学是专有的：这是一种与听觉或视觉现象学不同的、特殊的现象学，即认知现象学。"② 也就是说，认知状态的现象学不同于知觉状态所经历的现象学，认知现象学是专有的和独特的。一般而言，主体能够有意识地、内省地和非推理地执行三种不同的认知活动：区别当前的有意识思维与其他有意识状态；识别不同的有意识思维；确定有意识思维的内容。皮特认为，这是由于有意识思维具有不同类型，这些不同类型的有意识思维具有不同类型的现象学，并构成了各自独特内容的现象学。因而，每种有意识思维都有独特的现象学。按照皮特的观点，认知现象学包含三个要素：它是专有的，意味着包含非知觉的现象学；它是独特的，意味着每个思维都有各自的现象学；它是个体化的，意味着有意识思维的现象特征构成其表征内容。其中，不乏一些较强的独特性认为一些认知的现象意识状态无需知觉的现象意识状态便可造成现象差异。但是，独特性并不必然蕴含不可还原性，只是意味着一些现象意识状态独立于知觉状态，全部的知觉状态并不能解释现象意识状态。即是说，认知的现象意识状态不能还原为知觉的现象意识状态，也就意味着认知的现象意识状态可能有知觉的部分也有非知觉的部分，二者都属于整体现象意识状态的有机组成部分。在此，不可还原性既肯定认知的现象意识状态，也指出这些现象意识状态不能还原为知觉的现象意识状态，是整体的现象意识状态中不可缺少知觉的现象意识状态。因

①　E. Bowden and M. Jung-Beeman, "Neural Activity When People Solve Verbal Problems with Insight," *PloS Biology* 2（2004）：500 – 510.

②　D. Pitt, "Introspection, Phenomenality, and the Availability of Intentional Content," in T. Bayne and M. Montague（eds.）, *Cognitive Phenomenology*（New York：Oxford University Press, 2011）, pp. 141 – 173.

此，独特性可以指向一种纯粹的认知现象意识状态，并足以构成现象意识状态。同时，独特性与不可还原性也能够并存，但也存在接受不可还原性而拒斥独特性的可能性。例如，植物学家对植物的研究可能会影响其观看植物的现象意识状态，因而，知觉状态不仅无法彻底解释现象意识状态，该状态也可能受到认知的影响。在这种情况下，认知在一定程度上建构着观察者的知觉经验。

在此，不可还原的认知现象学的意义在于，揭示了存在一种独特的思考感，这意味着理解如何思考要比想象中复杂得多。我们通常认为思考是一种计算形式，理解思考就是理解计算规则，当思考超出了计算便存在不可还原的认知现象学，也就需要深化人工智能中所涉及的对认知的理解，这也意味着复杂的、类人的人工智能的发展可能需要一种将脑科学与心智的经验感受相结合的更全面的方法。

三　认知现象学的基本类型

学界关于认知现象学的核心问题——有意识思维是否具有独特的现象特征有着截然相反的立场，站在不同立场的人以各自不同的方式展开讨论。因而，厘清其中的基本类型对于理解认知现象学尤为必要，以下对几种相对或相关的类型展开剖析。

第一种是纯粹的认知现象学与不纯粹的认知现象学。通常，完整描述现象意识状态包含三个方面：纯粹的知觉状态、认知状态与知觉状态的混合、纯粹的认知状态。纯粹的认知现象学排除了纯粹的知觉状态、认知状态与知觉状态的混合，指向了由纯粹的认知状态构成的现象意识状态。换句话说，如果认知的现象意识状态独立于知觉的现象意识状态，则为纯粹的认知现象意识状态，反之则为不纯粹的认知现象学。这种划分所依赖的是直觉，通常所有的现象意识状态都包含颜色、形状、声音等感觉特征及其与时空相连的多种知觉模式，因而现象特征本质上是知觉的。同时又不可否认的是，认知状态也对现象意识状态产生作用，当前的想法、观念、欲望可能影响着知觉模式的展开。当出现知觉相同但认知不同的情形时，现象意识状态可能会以不同的知觉方式展开。由于所有的现象特征都以知觉为基础，因而认知状态只能通过影响主体的知觉而改变现象意识状态，视为不纯粹的认知现象学。就此而言，认知现象学也涉及认知影响知觉经验的情况，即所思改变所感。除此之外，不纯粹的认知现象学仍认为，思维在某种意义上拥有一种独特的现象特征。这是出于两方面的考量：一方面，思维的实现常常与知觉媒介相关联，该现象意识状态负载了思维；另一方面，思维对知觉的展开产生明显的影响，但是不纯粹的认知现象学能否作为认知现象学的基本形式仍有待商榷。

纯粹的认知现象学描述的是非知觉的现象学。思维内容以非知觉的方式呈现给主体，纯粹的认知对象或概念对象具有独特的显现方式。在此，纯粹的认知现象学完全脱离了知觉现象学，而仅认为思维具有独特的现象特征。关于思维的现象特征是否是独特的，较激进的观点认为，现象意识状态类型和思维状态类型之间存在一种必要关系，因而现象意识状态是思维状态的前提。例如，特定的现象特征 T 描述了思维 T，当且仅当主体具有 P 时，T 才可能。泰伊和赖特对此持肯定态度，认为思维的现象学意味着存在与思维内容一致的独特现象学①。较温和的观点则指出，思维现象学是个别的、构成性的，这意味着 T1 类型的思维与 T2 类型的思维有不同的现象特征，主体 B 的 T1 类型的思维与主体 A 的 T1 类型的思维有明显不同的现象特征。但是，这两种观点都不足以说明纯粹的认知现象学具有个别性的、构成性的思维的现象特征。

在不可还原的原则之下，纯粹的认知现象学与不纯粹的认知现象学都是有效的。在认知现象学的具体例示中，也不可避免地涉及了不纯粹的认知现象学，如顿悟了一个数学命题的现象意识状态可能依赖于知觉经验和直觉，而纯粹的认知现象学也适用于无图像的思维。但是，独特性意味着接受纯粹的认知现象学。根据独特性，认知现象学与其他现象学在种类上有所不同，原则上可能通过内省来挑选出这种现象学。当主体处于不同知觉方式的现象意识状态时，至少可以粗略地将视觉现象学与听觉现象学区分开来。同样，主体在有意识思考时，也能将思维的现象学与所涉及的听觉现象学区分开。从这种观点来看，认知现象学是一种与知觉现象学不同

① M. Tye and B. Wright, "Is There a Phenomenology of Thought," in T. Bayne and M. Montague (eds.), *Cognitive Phenomenology* (New York: Oxford University Press, 2011), pp. 326 – 343.

认知现象学的不可还原解释

的、独特的现象学①。在某种程度上，纯粹的认知现象学比不纯粹的认知现象学更为激进。尽管后者为认知的现象特征的作用留有空间，但仍限制在知觉范围内。依照不纯粹的认知现象学，认知现象学必须对接到主体特定的知觉模式才得以可能，而纯粹的认知现象学往往独立于知觉现象学。

第二种是态度的现象学与内容的现象学。在知觉现象学中，不同的知觉模式有着鲜明的现象特征，因而可以明确区分现象意识状态的子类。依据知觉现象学的模型，对树的知觉现象学是由与树的各种特征相关的现象意识状态建构而成，比如树的形状、颜色、空间位置等。认知现象学有类似的丰富性与多样性吗？如何予以区分？通常，思维的结构包含命题态度和命题内容，如判断"雪是白的"，是对"雪是白的"这一命题采取判断的态度。这一范式能否作为解释认知现象学的结构框架？命题态度的现象学所讨论是不同类型的态度与认知的现象特征之间的关系，即是讨论判断"雪是白的"与肯定"雪是白的"是否具有相同的现象特征。命题内容的现象学所讨论的是不同的命题内容与认知的现象特征之间的关系，即是讨论判断"雪是白的"与判断"雪不是白的"是否具有相同的认知现象学元素。对此，存在两种截然不同的立场：较强的观点指出，认知的现象特征与命题态度、命题内容之间存在必然联系，并使其具有独特的现象特征；而较弱的观点指出，二者与认知的现象特征有一种松散的关联。

虽然态度的现象学与内容的现象学分别从两个方向联结认知的现象特征，但二者都面对着类型与个别之争。类型观认为态度的现象学对于所有命题态度都是共同的，如判断 P 与判断 Q 有相同的现象特征。相反，个别观则认为即使态度类型相同，也具有不同的现象特征。内容的现象学亦是如此。在抽象的理论层面，态度与内容是可分的，但又交融于整体的认知现象意识状态。二者分别以不同的方式肯定了不可还原的认知现象学。值得注意的是，态度的现象学挑战了心灵哲学中的功能主义图景。在功能主义的图景中，从因果、功能的角度解释命题态度，并将之转化为物理输入和行为输出的链条，而这恰恰正是由于将现象特征限制在知觉范围，否定

① D. Pitt, "The Phenomenology of Cognition or What Is It Like to Think that P?" *Philosophy and Phenomenological Research* 69 (2004): 1 – 36.

· 062 ·

了现象特征与态度的关联，才使得命题态度的功能主义图景得以生成。可以说，态度的现象学为解释认知现象学的现象特征开辟了理论空间，也在一定程度上动摇了功能主义的解释框架。

第二节　认知现象学的核心问题

一　存在问题

从现象学的角度看，心理现象能够作为现象学的研究对象，其预设是主体状态具有现象特征。当然，并非所有的意识活动、状态、过程都涉及现象特征，无意识活动则明显缺少了现象的成分。在有意识的范围内，知觉状态呈现出独特的现象特征，因而人们往往从直觉上对知觉现象学予以肯定。即使断言知觉状态的现象特征与其意向特征相同，也理所当然地认为知觉的现象特征的存在，并且不可还原到其他的、更原初的现象特征。因此，知觉的现象特征以不可还原的状态而呈现出来。例如，看到雨后的彩虹等视觉体验，运动后疲劳得到缓解等身体的感受都呈现出了现象特征。但与人们认同知觉具有现象特征不同，认知活动及其产物是否具有现象特征、如何具有现象特征的问题，则仍存在诸多争议。因而，正如贝恩和蒙塔古所说，"认知现象学的讨论中，最突出特征就是它存在与否的问题"[①]。

认知现象学的存在问题来源于对意识与认知关系的反思，特别是重新关注认知层面的现象特征是否存在以及何以可能。对于存在问题，有着两种截然不同的观点。限制论将现象特征限制在知觉范围内，视知觉为唯一的现象学，认为知觉状态具有独特的现象特征，而对有意识思维的现象特征持否定态度。"身体感觉和知觉经验具有对现象的感觉或心理学的直感，是现象特征的主要例证。认知状态缺少现象特征。"[②] 在此，有意识思维缺乏独特的、非知觉的现象学。然而，也有不乏承认有意识的思维具有现象特

[①] T. Bayne, M. Montague, "Cognitive Phenomenology: An Introduction," in T. Bayne and M. Montague (eds.), *Cognitive Phenomenology* (New York: Oxford University Press, 2011), p. 4.

[②] D. Braddon-Mitchell and F. Jackson, *Philosophy of Mind and Cognition* (Oxford: Blackwell, 2007), p. 130.

征的观点，但这种观点认为它是附随于知觉状态而没有自身独特性。这种观点通过对认知与知觉的"一刀切"式的划分，长期盘踞在心灵哲学中。

据此，心灵的图景由两个独立的部分组成：纯粹的认知和纯粹的知觉，分别具有意向特征和现象特征。在这个框架下，心灵便成为一个内在包含着二元对立的概念，由两个互不相关的部分构成。布洛克提出意识具有多样性，现象意识只是其中之一，并排除了其超出知觉领域的可能性。在限制论中，较为激进的观点彻底否定认知现象学，认为现象学只属于知觉领域，认知状态和认知活动是非现象的。较为温和的观点则认为认知状态可能具有现象特征，但具有的是能够还原为知觉的现象特征。泰伊认为，认知状态中的现象特征或质性特征是附随于真正具有现象特征的知觉状态①。同样，卡拉瑟斯指出，"在某种意义上，我们的思维只有与视觉、图像或情感感觉相关联，才能由于这种的准感觉状态成为现象意识"②。

目前，心灵哲学和认知科学的主流是限制论，认为只有知觉状态才具有现象特征，而认知状态完全缺乏或者只是具有附随于其知觉状态的现象特征。随着分析哲学中关于现象意识的讨论逐渐与现象学传统中的处理方式相结合，分析哲学开始反思物理主义在解释和理解意向性、感受质、意识等方面的障碍，对主流的这一限制论发起了挑战。与限制论不同，扩展论将现象特征延伸至认知层面，认为有意识思维具有独特的、不可还原的现象特征，并由此形成了一种不可还原的认知现象学。认知现象学的多样性类似于其他心理状态，包括了认知过程、认知行为和认知结果，例如，判断、思考、相信、意识到、记住、预测、想起、被说服、确定等。这样一来，现象特征的研究范围便超出了知觉范畴。"看到红色、理解语句等都属于经验片段的范畴，持有者具有质性的特征。思维的现象特征是一个连续的模式，与听或听觉、看或视觉等的现象特征存在着复杂关系。"③ 其

---

① M. Tye, *Ten Problems of Consciousness: A Representational Theory of the Phenomenal Mind* (Cambridge: The MIT Press, 1995), p. 4.

② P. Carruthers, "Conscious Experience versus Conscious Thought," in P. Carruthers (ed.), *Consciousness: Essays from a Higher-Order Perspective* (Oxford: Oxford University Press, 2005), pp. 138 – 139.

③ C. Siewert, *The Significance of Consciousness* (Princeton, New Jersey: Princeton University Press, 1998), p. 263.

中，"意向状态具有现象特征，这个现象特征是经历一个特殊的意向状态和具体的意向内容的'感受为何'。无论是相信、渴望等态度的改变，还是具体的意向特征的变化，现象特征也随之改变"①。

可以看出，扩展论中较为激进的立场肯定不掺杂知觉成分的、纯粹的认知现象学，维护其在逻辑和形而上学上的可能性；较为温和的则支持不可还原的、不纯粹的认知现象学。除了激进的限制论之外，其余较为杂糅的观点都具有承认认知现象学的倾向。在这个意义上可以说，存在问题所面向的是认知现象学的本质②。更进一步地看，认知现象学的本质关切的主要问题是意向性问题和还原问题：还原问题涉及认知现象学与知觉现象学的关系；而意向性问题涉及认知的现象特征与认知的意向特征之间的关系。

二　意向性问题

在由认知状态和知觉状态构成的现象意识状态中，现象特征与意向特征哪个更根本？这是认知现象学中的意向性问题。对认知现象学的本质分析，实则是在讨论认知的现象特征在构成认知活动中的角色，更进一步地涉及认知的现象特征与认知的意向特征的关系。认知是对意向内容采取意向态度，如判断"雪是白的"是否为真，是对"雪是白的"意向内容采取判断的意向态度。在这一观念的指导下，认知是通过意向内容和意向态度合力完成的。即是说，意向特征构成了认知，但这不可避免地忽略了现象特征在其中所具有的关键作用。认知现象学的意向性问题引起人们对意向特征、对认知的决定性作用提出质疑，并重新思考认知的现象特征和认知的意向特征之间的关系，进一步追问认知的现象特征与认知的意向特征是否相同、二者如何构成认知，如若不同，又如何解释各自在认知中的作用。类似的问题也使人们将研究视阈从认知扩展到了知觉之中，知觉经验

---

① T. Horgan, J. Tienson, "The Intentionality of Phenomenology and the Phenomenology of Intentionality," in D. Chalmers (ed.), *The Philosophy of Mind: Classical and Contemporary Readings* (Oxford: Oxford University Press, 2002), p. 527.

② D. Smithies, "The Nature of Cognitive Phenomenology," *Philosophy Compass* 8 (2013): 744 – 754.

指向外部世界的同时也有主观面向，因而在兼具意向特征和现象特征的情况下，如何分析二者对知觉的构成作用？以上问题共同指向了对现象特征与意向特征之间关系的探讨，构成了认知现象学中的意向性问题。

解决意向性问题的关键在于，分析认知的现象特征与其意向特征之间的关系。如果认知的现象特征等同于意向特征，就消解了二者如何构成认知现象学的问题；如果现象特征不同于意向特征，则需要对二者在认知现象学中的角色予以考量。类似的，从知觉方面来看，知觉可能兼具现象特征和意向特征，二者共同构成了知觉的现象学。对此，在传统的心灵哲学中，自然化意向性认为知觉的现象特征不同于其意向特征，偶然地与意向属性相关联；而现象意向性则肯定知觉的现象特征与意向特征之间必然的关联性、同一性的观点。自然化意向性源自物理主义在面对心灵时遇到了生成问题和解释问题，即物理有机体如何产生有意识状态、物理主义如何解释主观性？物理主义可以解释什么使得心理状态具有内容，但对构成心理内容的现象特征则无从下手，以致倾向于将意向性视为意识的唯一特征。自然化意向性所描绘的意向特征和现象特征所呈现的是一幅分离割裂的图景，现象特征是非意向的，意向特征是非现象的。

根据自然主义，大脑的状态与外部世界的状态之间是一种自然化关系，意向性与环境、环境中的事物因果地、信息地、历史地相关联。在自然主义立场的基础上形成了两种较为典型的意向性理论：一种是追踪理论，它将心理状态的意向性与环境及其中的事物因果地、信息地、历史地关联起来；另一种是概念角色理论，它将心理状态的内容与其他心理状态、外部世界联系起来。福多的非对称依赖理论、德雷斯基的信息语义学、密立根的目的论语义学，均属于意向性的自然主义解释理论。但非对称依赖理论和信息语义学将意向关系解释为因果关系，当面临输入不同的内容可产生相同的意向内容时，就可能遇到难以析取问题；而目的论语义学的功能不确定性又产生了循环问题。从根本上说，意向性是心理状态与意向对象之间的关系，而自然主义将这一关系转化为心理状态与实在的外部因素的关系，意向性因此被解释为内部状态与外部世界的表征关系，这在本质上是将意向性完全还原为了物理事实。正如里昂所指出的，"当代哲学家在心灵方面，尝试结合相关科学的发现，给出最新的、确切的解释。一方面，当代理论集中于信息负载内容和过程的概念，弱化意向性的其他方面；另一方面，与布伦塔诺和胡塞尔的理论相比，当代理论不再将意识和注意视为意向性的本质"。① 因此，自然主义由于无法捕捉意向性的第一人称方面，并未对意识的现象特征提供合理的解释，因而也难以给出构成有意识状态的充要条件。

与自然主义从追踪关系角度解释意向性不同，现象意向性从经验的现象特征角度解释意向性。经验以特定的方式表征，经验内容呈现为表征内容。经验不仅能表征对象，也有特定的现象特征。比如对红色、绿色的经验，不仅有表征内容的不同，如红色的气球、绿色的树叶，还存在现象特征的差异，如红色让人亢奋、绿色让人平和。现象意向性并不是从传统的物理功能语言角度解释意向性，而是从描述其本质的角度出发，以现象意识为基础出发描述心理状态的主观特征、经验特征，从经验的主观质性方面解释意向性。也就是说，现象意向性是由现象意识构成的意向性。现象意识是主体在经验时，内在地体验到、感受到的现象特征，现象意识状态例示了现象特征，如知觉经验、痛苦、情绪感受等。现象意识的四个特征分别为：现象意识以现象特征为基础；现象特征与意向特征相互交织；现象意识具有内在性，在构成上不依赖于经验主体的外部事物；现象意识具有主观性，建立在现象意向性状态的现象特征之上②。从现象意识维度来解释意向性，对将传统心理状态分为意向状态和现象意识状态且认为二者相互排斥、相互独立的观点进行了挑战。这是由于现象意向性强调意向状态和现象意识状态是密切相关的：一方面，现象特征是意向的，如幻肢痛这种独特的现象特征来自被截断的肢体；另一方面，意向特征在极大程度上依赖于现象特征，意向状态的现象特征源自具体的命题态度或意向内容的经验，意向性中的态度类型、意向内容的变化都会导致现象特征的相应变化③。

① W. Lyons, *Approaches to Intentionality* (Oxford: Oxford University Press, 1995), pp. 3 - 4.

② U. Kriegel, "Phenomenal Intentionality Past and Present: Introductory," *Phenomenology and the Cognitive Sciences* 12 (2013): 437 - 444.

③ J. Kim, *Mind in a Physical World: An Essay on the Mind-Body Problem and Mental Causation* (Oxford: Oxford University Press, 2000), pp. 10 - 125.

现象意向性理论以承认现象意向性的独特性和基础性为前提，根据在独特程度和基础程度方面的分歧，可进一步划分成两种不同立场，即强现象意向性、弱现象意向性立场。强现象意向性立场认为所有的意向状态都是具有现象特征的意向状态，现象意向性是唯一的意向性①。这里"所有的"指的是实际的意向状态，而并不囊括具有形而上学可能的意向状态。持这种立场的现象意向性理论认为，一些意向性的可能形式是独立于物理特征的，存在与现象意识相关的非实际的意向状态，但这也陷入了难以化解的困境，即难以将所有的意向状态清晰地拆解成为各个不同组成部分的现象意识状态。例如，"草是绿色的"由多少现象意识状态构成往往难以确定②。持弱现象意向性立场的现象意向性理论认为只有部分意向状态是现象的意向状态，现象的意向状态与非现象的意向状态共存，但它们之间可能并没有关系。例如，知觉状态、正在发生的认知状态具有现象意向性，而无意识的、超个人的、非当前的状态不具有现象意向性。持弱现象意向性立场的观点的问题在于，它将现象意识状态部分等同于意向状态，在肯定了现象的意向状态与非现象的意向状态都属于意向状态的基础上，并进一步强调非现象的意向状态至少部分地入场于现象的意向状态。

综观以上两种立场，从意向状态如何构成现象意识状态这一角度看，对现象意向性的理解可以区分为"入场论"和"同一论"。"入场论"将现象的意向状态入场于现象意识状态，入场的不对称性决定了现象的意向状态不同于其所入场的现象意识状态。根据入场论，强现象意向性与现象意向性在本质上都是还原的，入场的现象意识状态自身不具有意向性，但比意向状态更为基本，因此所有的意向性最终入场于现象意识状态。相反，"同一论"则认为现象的意向状态和现象意识状态是相同的，意向性质的例示就是现象特征质的例示，因此，现象描述比意向描述更为根本。根据同一论，现象的意向状态与现象意识状态是同一的，也可以是非还原的，意向状态的现象描述并不比意向描述更基础。但是，这些争论也使得

---

① G. Strawson, *Real Materialism and Other Essays* (Oxford: Oxford University Press, 2008), pp. 53 – 74.

② K. Farkas, "Phenomenal Intentionality without Compromise," *The Monist* 91 (2008): 273 – 293.

现象的意向状态是否能够还原为现象意识状态仍是一个开放的问题。无论现象意向性能否为意向性提供普遍的还原解释，现象意向性始终允许非现象的意向状态的存在，并旨在将这种状态还原为现象意向性和其他成分，这至少为一些意向状态提供了还原解释。这样一来，自然化意向性是根据特定的追踪关系意向性地注入世界。注入后，意向性就可以脱离这种追踪关系，如语言表达、绘画、交通信号就自动携带了意向性。而现象意向性是根据特定的现象特征意向性地注入世界，一旦出现相关的现象特征，就具有了意向性。因此，现象特征是所有意向性的源泉，或者说，感觉特征是意识现象的根源。现象意向性以心理状态的现象特征和经验特征为基础，现象意识是生成意向状态的关键，以"意识第一"通向意向性的路径，在解释上使得意识优先于意向性，并在逻辑空间中提供了理解意向性的新角度。

意识概念受制于经验主体中知觉和意识的具体形式，使得我们始终无法产生属于其他生物的意识形式的概念。这种闭合环路导致无法提出统一的意识概念。因而，麦金指出，意识概念助推了意向事实和现象事实的隔离策略的形成。意识概念是一个"媒介概念"①，即是说，意识之于内容等同于表征的媒介之于表征内容。媒介的内在特征决定了意识经验的现象特征，经验与外部世界的关系决定了经验的内容。"媒介概念"尝试将知觉经验视作奠基于身体感受的内在现象学，进而确立知觉的现象特征与意向特征之间具有必然的关联性。这种观点平行运用到认知中则表现为认知的现象特征必然与其意向特征相关或相同。可以看出，由认知与现象特征的关系引发的认知现象学在本质上是对传统心灵哲学中特征二元论的反抗，特征二元论将意向特征和现象特征视为分离对立的两种特征。相信、怀疑等思维活动是意向状态，其中并不包含内在的现象特征；感觉到痛、听到声音是现象意识状态，也并没有显现出内在的意向特征，二者分别有着形而上学的独立地位。19世纪末20世纪初，这种二元图景开始遭到广泛质疑，不少研究重新审视了现象特征与特征之间的关系，特别提出现象特征

---

① C. McGinn, "Consciousness and Content," *Proceedings of the British Academy* 74 (1989): 225 – 245.

与意向特征在心理状态中交织存在。纯粹的现象的、非概念的状态具有现象特征，有意识的意向状态中也包含了现象特征。认知现象学便是源于后一种立场，更关注于有意识思维的现象特征。这不仅肯定有意识思维具有现象特征，也更进一步地指出在有意识思维之中所呈现出来的不同的现象特征。

在关于意识的问题上，是什么使得心理状态具有现象学特征？意识是如何依赖于外部世界的？如果心理状态与外部世界相关，那么这种相关性是由什么构成？在关于意向性的问题上，是什么使得物理有机体能够意向地指向外部世界，是什么使得心理状态具有内容，思想和主观经验如何关涉事态？在解释以上问题时，以现象特征和意向特征的关系为起点，形成了自然化意向性和现象意向性两种进路。自然化意向性凭借追踪关系来解释意向性，而现象意向性则凭借现象意识来解释意向性。在认知现象学的框架之中，利用现象意向性对自然化意向性的批判，从而达成了对特征二元论的反抗。

三 还原问题

对于现象意识状态的解释，采用的最为广泛的论证方式是例示。所例示的内容不仅有知觉状态，还包括认知状态。知觉状态与认知状态有什么共同之处？知觉状态的现象特征能否解释认知状态的现象特征？认知状态有独特的现象特征吗？实际上，还原论探讨的是认知现象学与知觉现象学的关系。还原论将认知的现象特征等同于知觉的现象特征，认为所有的状态都是知觉现象学的例证，而反还原论则认为二者有各自的独特性。广义上的知觉包含了各种感官模式中的知觉、身体知觉、知觉图像、语言和非语言图像，也蕴含着情绪、注意和认知。知觉记忆和想象的经验用知觉图像来解释，而内在言语也可理解为一种知觉图像。同时，情感、注意和认知的经验是知觉经验的复合体，汇合了对身体的知觉体验、知觉图像以及语言和非语言图像。对知觉经验范围的泛化界定遭到诸多反对，在此以认知经验为着力点，尝试考察知觉现象学与认知现象学的关系。

认知现象学将整个现象意识状态解释为认知的现象学与知觉的现象学的总和。还原论否定现象意识状态中的认知部分，代之以知觉的不同属性的表征，并将其分为高阶属性的表征和低阶属性的表征。前者指老虎、松树等自然对象，还包括桌、椅等功能对象；后者指颜色、运动、音量、气味等。但是，这种区分高阶表征与低阶表征的方式并不充分，只能够对捕捉知觉的直观区别有一定作用，在一定程度上只涉及主体的表征能力。实际上，高阶表征、低阶表征所诠释的内容表明了这两种属性都具有形而上学的和微观物理学的本质，但问题在于高阶表征对知觉现象学的影响属于认知现象学，仍有待进一步探究。

对此，反还原论通过非知觉的认知状态与现象对比驳斥还原论。反还原论的第一个驳斥来自非知觉的认知经验。诚然，大部分有意识思维与知觉图像和内部语言相关，但实证研究中出现了不负载任何语言或非语言图像的"非符号化思维"[1]。西维特给出了"非符号思维"的例子，并列举了相应的具体实例：当你记住已经把钥匙留在家里、你意识到你开会迟到了[2]。对于这种情况，还原论反驳道，这样的例子可以通过语言和非语言图像的组合以及相关的知觉和情感经验来解释。例如，如果我突然意识到把钥匙落在家里，同时看到钥匙在茶几上，可能会感到烦躁。虽然这种经验常常与思维片段有关，但思维不一定参与其中。此外，还原论将这些情况视作内省错误。对有意识思维的内省实际上是自动的、无意识的自我解释的结果，这种结果可归因于对行为的观察和知觉经验的内省。但是，这一解释难以从不可观察的行为或可内省的知觉经验得出，反而使得内省错误削弱了还原论的内省基础。

反还原论的第二个驳斥则利用了现象意识状态的对比。斯特劳森指出，理解一种语言涉及一种独特的"理解经验"[3]。当懂英语和不懂英语的人同时听到一则英语新闻，虽然他们的听觉经验相同，但现象意识状态仍有区别。事实上，理解的经验会根据理解的意向内容而变化。在现象对比的情况中，听者在知觉上是相似甚至相同的，但存在认知现象学上的差

---

[1] R. Hurlburt, S. Akhter, "Unsymbolized Thinking," *Consciousness and Cognition* 17 (2008): 1364–1374.

[2] C. Siewert, *The Significance of Consciousness* (Princeton, New Jersey: Princeton University Press, 1998), pp. 276–277.

[3] G. Strawson, *Mental Reality* (Cambridge: The MIT Press, 2010), pp. 5–9.

异，因此认知现象学不能还原为知觉现象学。

可以看出，还原问题对意识理论有直接的影响，不少意识理论在某种程度上是还原主义的变种，集中表现为肯定意识的知觉本质，并认为所有的意识状态都是具有非概念的表征状态。如果反还原论为真，这些意识理论将遭到质疑。意向性问题不仅包括意识和意向性之间的关系，也涉及意识对心灵自身的内省知识和外部知识意识的认识论作用。因而，认知现象学在更广泛的意义上与现象意识紧密相关。

第三节　认知现象学作为现象意识的基础要件

认知现象学对于意识研究的价值在于，它对我们理解现象意识有着重要作用。以下尝试从现象意向性和认识论两个方面入手，分别讨论现象意识对意向性、自我知识、外部世界知识的基础作用，分析认知现象学的认知意义。

一　认知现象学作为现象意向性的基础

意识难问题的关键之处是如何面对物理事实和现象事实之间的解释鸿沟。相同的物理状态可以产生不同的意识状态，或者根本不产生意识状态。意识世界无法从所依赖的物理基础来得到充分解释，从而构成了意识世界与物理世界之间难以逾越的屏障。由于物理事实和意向事实之间没有解释鸿沟，人们往往将意向性视为意识的易问题。因此，人们普遍认为，意向性是一种可以经由物理事实通向意向状态的关系。在这里，由于意识与意向性之间的不同，解释意识的难问题可以从解释意向的易问题中分离出来。对此，自然化意向性从第三人称视角来解释和预测行为，将意识、注意之类的现象排除在意向性之外。而对自然化意向性的批判多集中在它忽视了现象意识和意向性的第一人称视角。因此，意向性的范式是命题态度，特别是观念和愿望，这忽略了意向性离本质更近的另一个维度，即我们认知世界的自然观。虽然意向性具有第一人称方面的特征，而因果理论及类似理论所偏好的自然主义概念似乎不可能把握这一点。由于自然主义强调的是第三人称视角，过于宽泛的物理学概念既无法以自然主义的方式解释意识，也不能解释意识的构成性结构。经验和思想中的意向性与身体知觉中的主观感受是一致的，也都无法从纯粹客观的物理维度进行解释。据此，解释意识的难问题便从解释意向的易问题中分离出来。

与之相反，认为意识和意向性之间存在必要联系的观点甚至同一性的论断，已变得更受欢迎。根据意向主义，所有的现象特征等同于意向特征，对意识的解释不能脱离解释意向性。这一立场虽然得到普遍认同，但现象特征的范围应该限于知觉还是扩展到认知，仍是存在争议的。如果现象特征的范围限于知觉，认知的意向主义便是错误的，那么认知的意向性独立于意识的解释；但如果将其范围扩展到认知，那么认知的意向主义为真，认知的意向性与意识的解释不可分割地交织在一起。对此，意向主义者给出了两种不同的回答：还原的意向主义认为，对意向性的分析将使意识问题变得更为容易，我们可以通过解释意向性以及一些意向性何以有意识而达成对意识的理解；与之不同的非还原的意向主义认为，解释意向性的问题不比解释意识的问题容易，恰恰相反，这只会导致对意向性的解释更加困难。

在此，意向主义除了对意识难易问题的影响之外，对意向性理论本身也有更为深度的影响。霍根和格雷厄姆认为，现象意向性是构成现象意识的关键，解释认知的意向性离不开基于现象意向性的认知意向主义①。他们的论证可以简要概括为：认知具有确定的意向性；只有当一些认知具有现象意向性时，认知才具有确定的意向性；因此，认知具有现象的意向性。基于内省报告，认知具有一定程度的确定的意向性，因而很难否定认知具有确定的意向性。认知具有现象意向性是从其物理基础解释认知的意向性，我们通过内省获悉思维、判断、推论的内容，但这些内容并非完全不确定的。这种不确定性源自忽视了意识在确定的认知意向性中的作用。因而，基于有意识的认知的确定的现象特征，进而得出认知具有确定的意向性，并派生出无意识认知的确定的意向性。

根据霍根和格雷厄姆，所有的意向性均源于现象意识，意识是意向性

---

① T. Horgan，G. Graham，"Phenomenal Intentionality and Content Determinacy，" in R. Schantz (ed.)，*Prospects for Meaning* (Berlin：De Gruyter，2012)，pp. 321 – 344.

的"锚点",所有无意识的意向状态均派生于有意识的意向性。有意识的意向性的确定性来源于其现象特征,而无意识意向性的确定性来源于它与有意识的意向性的联系。因此,论证可以概括如下:意向性具有确定的意向特征;当且仅当一些意向性是现象意向性时,意向性才具有确定的意向特征;因此,一些意向性是现象意向性。在认知科学对行为和计算的解释中,无意识的意向状态具有不可或缺的作用。霍根和格雷厄姆并未断言所有的意向性都是现象意向性,但提出了具有调和性质的主张,即所有的意向性都有其现象意向性的来源。这虽然允许存在无意识的意向状态,但只在较弱的程度上肯定了现象意向性。然而,认知科学的研究却在一定程度上削弱无意识的意向状态与有意识的意向状态之间的关联。例如,米尔恩(D. Milner)和古德莱(M. Goodale)指出,视觉引导行为的微调空间参数说明,视觉经验并未对有意识的视觉处理过程起作用,而是对无意识的视觉表征产生影响①。但是,有意识的经验及其视觉过程与无意识的动作控制之间存在功能性上的相关,这些连接极其依赖外部条件。经验的证据在一定程度上削弱了霍根和格雷厄姆的论证,但推进了自然化意向性和现象意向性的区分。

在对意向性的解释上,自然化意向性方案尝试为意向性寻找自然秩序,这在本质上是由可认知的、可解释的因果过程构成的追踪关系。但是,哪种理论对追踪关系做了最好的信息理论解释、技术层面能否充实信息理论解释以及如何解释错误表征等意向的失败等问题,依然是自然化意向性方案所面临的问题。现象意向性以心理状态的现象特征和经验特征为基础,认为现象意识是产生意向状态的关键。意识先于意向性,并将意向性"注入"世界,是意向性的"源头"。因此,在解释上意识优先于意向性,现象意向性是以"意识第一"通向意向性的路径,本质上是将意向性还原为意识,并在逻辑空间中提供了理解意向性的新角度。为解决认知科学中的意识难问题提供了一个新的视角。尤其是现象意向性将现象学与意向性联姻,将意识的第一人称方法与科学客观方法联合,其严谨性是基于

---

① D. Milner, M. Goodale, *The Visual Brain in Action* (New York: Oxford University, 1995), pp. 25 – 66.

共证、共识的科学过程，有助于推动认知哲学的综合。以第一人称方法研究人类活动是通过采取行动者的视角，而第三人称方法则是拆分行动者和行动对象的科学过程。第一人称方法研究经验现象的科学过程，这些现象是行动者作为自我与主体而相关和显现的。在此，现象意向性试图克服主观的第一人称与目标的第三人称之间的鸿沟，但能否填补这一鸿沟学界仍然存在巨大分歧，这有待于我们进一步研究。因此，即使放弃了意识是所意向性基础的假设，也不必放弃寻找关于意识的另一种假设。

二　认知现象学作为认识论的基础

当我们经医生引导看懂了药品说明书时，这其中所涉及的"看"的知觉经验是一致的，而所改变的是对药品说明书由不懂到懂的理解经验。这种理解经验是先验的，在构成上不依赖于知觉经验，其中所涉及的知觉经验并没有发生任何现象差异。类似的，不同的生理事件、物理事件可能使得主体产生不同的现象意识，但这种现象意识在一定程度上不依赖于知觉经验。例如，读一本小说和看一部电影，主体的现象意识在构成上不依赖于知觉经验。即使在智识生活中所进行的事件与感觉有关，但感觉只有附带的价值而没有先验意义。在此，现象意识上的差异在构成上更依赖于认知经验。假设你在苦苦思考问题的答案时，并没有在知觉经验上呈现出明显的不同，这就说明了差异更有可能来自认知。

内省作为获取内在信息的独特方式，其出发点是第一人称视角，而第一人称视角与第三人称视角在认识论上的不对称性使得子非鱼而不知鱼之乐。在认知现象学的框架内，认知的内省与知觉的内省不同。从知觉的维度看，我们形成关于有意识经验的内省知识，如经由内省我们感受内心的愉悦或疼痛、视觉上的红色或绿色。知觉的现象特征解释了我们如何知晓这一感受，并在直觉上能够予以区分。更进一步来说，我们能够从环境中提取信息导致认知的不同，并影响知觉经验的现象差异，这一推理从知觉扩展到了认知。例如，当我们看到窗外可能大雨将至时，便能够规划出门时拿把雨伞。根据意向主义，每种有意识状态中的内省知识都具有意向特征。有意识状态具有现象意向性，现象特征与意向特征相同。因此，对现象特征的内省知识提供的是具有意向特征的内省知识。只有凭借具有独特的现象特征的思维现象学，才能解释思维内容的内省知识。命题态度的现象特征构成态度现象学，命题内容的现象特征构成内容的现象学。在某种意义上，现象特征与意向内容是相互对应的。只有认知具有现象意向性时，主体才能产生关于认知的意向特征的内省知识。因此，要想驳斥认知的意向主义，第一种策略是说明主体缺乏关于认知的意向特征的内省知识，第二种策略是否定形成认知的意向特征的内省知识需要引入认知的意向主义。

第一种策略中较为极端的版本是彻底否定内省知识，这在很大程度上带有行为主义的倾向。根据行为主义，行为构成了心灵，心灵的本质在于展现可观察行为的显现和倾向。即便是内部心理状态也与可观察行为相关联，生物体具有心灵仅仅是因为它呈现了某种恰当的行为模式。也就是说，行为主义所坚持的是，我们只能通过可观察的物理行为认识他心。因而，这种策略主张，关于认知的意向特征的内省知识取决于对关于知觉的内省知识以及对关于物理行为的知觉知识的推论。但是，这种策略需要面对思维与知觉和物理行为无因果关系的问题。在此，行为主义的心灵概念面临四个难题：一些思维无行为承载；刺激—反应的知觉模式对行为的可能性既不必要也不充分；在解释行为时忽略观念、欲望、意向等因素；独特的行为模式很难一一对应复杂的心理现象，一种心理状态有多种行为表现。较为温和的观点指出，主体仅具有关于知觉的意向特征的内省知识①。

与之不同，第二种策略承认主体具有关于认知的意向特征的内省知识，这不需要援引认知的现象意向性，而仅仅依靠可靠的内省机制就能实现。例如，尼克尔斯和斯蒂奇设想了用于生成观念知识的"模拟机制"②。在具体操作中，这一过程表现为在"观念框"中输入表征 P，经由非推理过程便能够在框中得出"我相信 P"的表征。类似的，通过恰当机制也可以得出思考内容，在"思考框"中输入表征内容，就可以得到"我在思

① P. Carruthers, *The Opacity of Mind: An Integrative Theory of Self-Knowledge* (Oxford: Oxford University Press, 2011), pp. 192-222.

② S. Nichols and S. Stich, *Mindreading: An Integrated Account of Pretence, Self-awareness, and Understanding Other Minds* (New York: Oxford University Press, 2003), pp. 150-200.

考"的表征。这种机制使得所输入的表征即使缺乏现象意向性，也能够产生内省知识。但这一策略的问题在于，无法说明认知的内省知识的独特性。由此所解释的有意识思维的内省知识类似于知觉的亲知知识，它是以现象的方式呈现在主体内部。此外，内省机制的另一问题是忽略了态度的内省知识，也无法传达操作框中表征内容扮演的功能角色。相反，只有内省到内在特征才能推断其所发挥的功能作用，表征的可靠性不足以解释合理的知识。布洛克的"超级盲视患者"例子就明确指出了这一问题，当视觉对象出现在超级盲视患者的盲区时，患者无法产生有意识的知觉经验，但在无意识的知觉表征的基础上，也能够成功地形成关于对象的可靠判断①。因此，患者的判断并不完全依赖于恰当的内省机制，也就意味着要想充分解释认知的内省知识就需要引入现象意识。现象意识的本质是自我呈现，是基于现象意识形成的内省知识在主体自身之中的呈现。因而，现象意识提供了内省知识的来源，这也决定了现象意识和内省知识之间的联系。

认知现象学中所强调的现象意识，除了向主体提供关于自身状态的内省知识之外，还提供关于外部世界的知识。这一点在知觉中表现得最为明显。知觉的现象意识具有直接的感受，这使得其现象特征可经由直觉得到确证。在超级盲视的例子中，主体无意识的知觉表征并没有呈现出独特的现象特征，但主体也做出了与在有意识情形下相同的行为。在此，如果还原主义是错误的，就面临非知觉的现象意识的认识作用的问题；如果意向主义可以从知觉扩展到认知，就面临知觉经验和认知经验是否具有相似的认识论作用的问题。因此，一些哲学家提出，认知经验的认识作用在结构上与知觉经验的认知作用相似。根据休默尔的现象保守主义原则，知觉经验和认知经验的认识角色取决于其现象特征②。在此，需要区分先验证实与后验证实，二者分别来自认知经验、知觉经验。离开认知经验的现象特征无法解释先验知识，这说明知觉经验与认知经验是否有相同的认识作用

---

① N. Block, "On a Confusion about a Function of Consciousness," *Behavioral and Brain Sciences* 18 (1995): 256.

② M. Huemer, *Skepticism and the Veil of Perception* (New York: Rowman & Littlefield Publishers, 2001), pp. 1 – 6.

仍有待考证。但是，知觉经验常常由于其所依赖的是不证自明，因而它就具有了更为基础的认识作用，这种无需进一步确证的因素成为"认识论的不动的推动者"①。

此外，当且仅当知觉经验直接自明时，它才能够发挥基础的认识论作用。但是对于非直接自明的认知经验，可以进一步分为观念理论和非观念理论。根据观念理论，认知经验是一种观念状态，如有意识的判断或对判断的有意识态度②。但是，这并未明确区分认知经验与知觉经验的认识论作用。只有当判断、对判断的有意识倾向等观念状态不证自明时，认知经验的作用才能等同于知觉经验的作用。相比之下，非观念理论则认为，认知经验是非观念的状态，并能够产生和确证有意识的判断和对判断的有意识倾向的观念状态③。如此一来，类似于知觉经验的认知经验，更有可能发挥认识的基础作用。对于非观念的认知经验，戈德曼在"遗忘证据的问题"中指出，我们常常遗忘了形成观念的证据，却留下了证据所形成的观念④。对于如何确证观念，现象主义求助于内省，认为认知经验的可靠性体现了观念是有意识思维。

与现象的保守主义相反，观念的保守主义认为观念无须追根溯源而可默认确证。观念之间的可解释性，忽略了知觉经验对观念的证明能力。如果观念发挥认识论的作用，那么可能需要重新理解意识的认识作用。现象主义赞同这一原则，借助 P 的现象经验，当且仅当相信 P 有证明的理由，才能证明相信 P。强现象主义暗示了强现象的心理主义，即相信命题的理由完全取决于现象意识的心理状态。如果观念的保守主义为真，证明相信的命题不仅取决于现象的有意识经验，而且取决于所持的观念。同样的现象意识的经验可能产生不同的观念，这是由于证明相信的命题不同。因此，观念的保守主义与强现象的心理主义产生完全相反的案例。

① L. BonJour, *The Structure of Empirical Knowledge* (Cambridge, MA: Harvard University Press, 1985), p. 30.

② T. Williamson, *The Philosophy of Philosophy* (Oxford: Blackwell, 2008), pp. 48 – 133.

③ E. Chudnoff, "The Nature of Intuitive Justification," *Philosophical Studies* 153 (2011): 313 – 333.

④ A. Goldman, "Internalism Exposed," *The Journal of Philosophy* 96 (1999): 280 – 287.

要想重塑意识的认识角色以适应观念的认识作用，史密斯提出弱现象的心理主义，即观念完全取决于其所对应的心理状态[①]。虽然观念不是现象意识状态，但通过引起判断的现象意识状态的派生方式，促成了现象的个体化。现象意识的判断通过其现象特征达成了个体化，而固定的观念可以借助引发现象意识的判断，并依靠该判断的现象特征实现个体化。现象个体化解释了观念和判断所发挥的认识论的作用，因此，对认知经验的认识论意义有两种不同的解释：其一，认知经验发挥了基本的认识论作用，在结构上平行于知觉经验，为观念提供了不证自明的理由；其二，观念的基础作用不同于知觉经验的基础作用，确证的观念才具有解释力。把握认知现象学的本质与现象意识的重要性之间的关系，不能仅依靠内省，还需结合对意识、意向性的理论反思。

[①]　D. Smithies, "A Simple Theory of Introspection," in D. Smithies and D. Stoljar (eds.), *Introspection and Consciousness* (New York：Oxford University Press, 2012), pp. 259 – 294.

第三章　认知现象学的不可还原论证

关于认知的现象特征与知觉的现象特征之间的关系，大致有两种解释思路，即二者不可相互还原以及二者相互独立。第一，认知的现象特征不能还原为知觉的现象特征，现象意识状态的变化依赖于认知状态的变化。第二，认知的现象特征独立于知觉的现象特征，后者并不能彻底解释整体的现象意识状态。在认为二者相互独立的基础上，学界进一步提出了认知的现象意向性。现象意向性揭示了现象特征对意向特征的决定作用，而认知的现象意向性更为强烈地指出，一些认知的现象特征决定认知的意向特征。其中，不可还原性作为相互独立性的前提，构成了认知现象学的主要论证方向。对此，以下主要从内省、现象对比和意向性三个角度展开分析。

第一节　基于内省的论证

内省是对自身的意识思维和感觉的觉察，是感觉、体觉、认知、情绪等心理状态的基础，也是进入个人经验的可靠途径和获取心理信息的有效方法。但是，内省由于具有短暂的、易变的特征，一度遭到哲学家和心理学家的拒斥。直到 19 世纪末，认知神经科学利用 fMRI① 研究意识时需要被试者报告实验经验，内省才重新得到重视。在哲学意义上，与笛卡尔传统认为主观内省具有任意性、不可重复性、模糊性不同，科学心理学中的内省受胡塞尔的现象学思想的影响，胡塞尔认为"哲学作为一门严格的科

---

① 功能性磁共振成像（functional magnetic resonance imaging，fMRI），是一项利用磁共振造影测量神经元活动引发的血液动力的改变的技术。fMRI 具有非侵入性、时间分辨率高、实时跟踪信号等优势，在认知科学对意识的研究中得到了广泛的应用。

学，严格性是指最具有确定性的知识起源于内在感知中，更确切地说，起源于对意识活动的内在反思之中"[1]。从这个意义上说，遵循"内在化"趋向的内省路径，主体能够分辨现象意识状态中不同现象特征之间的差异。那么，依据内省，能否证明不可还原的认知现象学？

一　内省的角色

通常，当主体处在现象意识状态时，不仅能够生成源自内省的知识，如感觉到耳朵痒、肘部疼痛外，还能通过内省分辨出这两种感觉的不同。也就是说，主体的内省具有识别不同现象特征并对其进行简单的描述的功能。认知现象学讨论认知的现象意识及其现象特征，直接关涉到有意识的心理生活，而主体有意识的心理生活中大部分的知识源于内省。那么，内省能够解决认知现象学的争议吗？依据内省，能够回答认知状态的现象特征是否附随于知觉状态的现象特征的问题吗？从现象学的角度来看，思维是脑、心理图像、情感反应以及身体反应的联合产物，因而主体对思维的感受可能是错综复杂的。关于内省对认知现象学的解释力，呈现出了极为相反的态度：乐观派指出，仅凭借内省便推出认知现象学；而悲观派则对此表示怀疑，认为仅凭内省无法推出认知现象学。除此以外，不乏调和论调。因而，在判断内省能否确证认知现象学之前，先要理解内省的本质及其作用。

一般而言，主体拥有关于自身所处的现象意识状态的内省知识。我们不仅可以感受到头疼、牙疼、喉咙痒等，也可以内省地判断出头疼类似于牙疼、头疼不同于喉咙痒。当被问及头疼的程度时，又能用刺骨、连续等种种描述予以回答。也就是说，主体能够内省到所处的现象意识状态，也能够辨别出其现象特征的相似和差异，并能够用其所形成的内省知识准确地描述出所处的不同的现象意识状态。由此看来，内省具有辨别现象意识在场与缺席、相似与差异、准确与模糊的功能。对于知觉状态的内省，我们可以凭直接观察和反身意识来确认，这无疑为知觉理论提供了解释支

---

[1]　倪梁康：《意识的向度：以胡塞尔为轴心的现象学问题研究》，北京大学出版社，2007，第3页。

持。与之不同，对于认知状态的内省，最为极端的是忽视不可还原性，直接对内省与认知现象学的关系作出否定判断。简单来说，不可还原性从复杂逻辑上概括了可能存在的解释关系，内省则是从简单逻辑上指出特定心理状态的实际的内在特征。例如，主体可以直接内省到当下在思考什么，这便是内省的简单直接性的体现。实际上，内省也有其复杂之处，如对同一命题的内省可能呈现出不同的内省知识。形成这一事实的原因是多样的，贝恩和斯宾纳对此进行了说明①。

首先，不同主体之中普遍存在具有个别差异的内省知识。当不同主体在内省"不可还原的认知现象学存在吗"时，可能会得出完全不同的答案。非还原论者内省到了"认知现象学的不可还原性"，而还原论者并没有内省到"认知现象学的不可还原性"。毫无疑问的是，二者都形成了自身的内省知识，但无法得出相同的答案。其次，不同主体的概念指涉不一致也导致产生不同的内省知识。例如，对于"现象特征"一词，一些人认为现象特征仅仅属于知觉状态，而另一些人则认为现象特征也属于认知状态。因而，对概念内涵的不同认识，也可能导致二者产生不同的内省知识。再次，不同主体具有不同的理论背景和期望。在内省"认知现象学的不可还原性"时，还原论者和非还原论者有其各自的预设和结论。最后，所内省的命题本身尚无定论，而内省并不足以判定其真假。诚然，心理状态具有可内省的、可知觉的、可直觉的特征。例如，我可以内省到"如果面前有一桌饭的感受"，这体现了心理状态的可内省特征；我可以通过看就能判断西红柿是红的，这体现了心理状态的可知觉特征；我可以确定1是奇数，这体现了心理状态的可直觉特征。但解决"认知现象学是否存在"这一问题则超出了内省、知觉、直觉的解释能力，仍需要其他论证的支撑。一般来说，内省、知觉、直觉构成了知识的三个基本来源，但仅能用于解释可观察的方面，无法说出潜在的本质。

据此，对内省能否证明不可还原的认知现象学，彻底肯定或否定的论断都是不可取的，而中间立场又有走向极端乐观或极端悲观的可能性。根据笛卡尔的内省观，尽管我们对外部世界的知觉判断可能受到挑战，但对

---

① T. Bayne, M. Spener, "Introspective Humility," *Philosophical Issue* 20 (2010): 1 – 7.

自身经验到的世界所作出的内省判断则无可置疑。但是，科维特茨戈贝尔（E. Schwitzgebel）对此提出异议，"当前有意识经验的内省是正确的或几乎绝对正确的，这是一种错误的、不可信的和误导的认识。内省不仅可能是错误的，更有可能是大规模的、普遍的错误"①。他引用一些"当前有意识经验"中的分歧来阐述内省的不可靠性，其中就包括了认知现象学。

由此可见，我们需要逐一分析对内省的悲观认识，才能进一步确认利用内省能否证明认知现象学的不可还原性。基于内省本身的不可靠性，对不可还原性的内省涉及主体间的个别差异、所用术语界定、理论预期等多种不确定因素，这使得在对不可还原性进行内省时，其自身能力变得不稳定。确实，对不可还原性的内省可能受制于主体能力。这类似于主体无法单纯依靠视觉准确判断不透明容器中的内容。因而，内省不能说明认知现象学的不可还原解释是否成立。因此，对于认知现象学的不可还原解释而言，受能力所限的内省既不能证明也不能证伪不可还原性。从积极方面来说，主体能够借助内省了解心理状态的其他事实，这只是从侧面辅助判断不可还原性的真伪。鉴于此，乐观派与悲观派都需要重新审视内省的能力，以便更为客观地看待内省所起到的作用。在澄清了内省的角色之后，以下以可靠的内省证据为预设，考察其对不可还原性的认知现象学的论证。

二　内省论证

内省的角色属性明确了仅凭内省无法证明认知现象学的不可还原解释。为此，内省论证将当前有意识思维作为内省的对象，以助于增加其自身的可靠性。认知现象学的不可还原解释认为，有意识思维是可内省的，并将此作为不可还原论证的前提。皮特颇为详细地阐述了这一论证，认为每种有意识思维具有专有的、独特的、个别的现象学②。其中，"专有的"是指有意识地思考特定思想时的现象特征，不同于任何其他有意识状态的

---

① E. Schwitzgebel, "The Unrealiability of Naive Introspection," *Philosophical Review* 2 (2008): 259.

② D. Pitt, "The Phenomenology of Cognition or What Is It Like to Think that P?" *Philosophy and Phenomenological Research* 69 (2004): 21 – 36.

现象特征；"独特的"是指有意识地思考特定思想时的现象特征，不同于有意识地思考任何其他思想的现象特征；"个别的"是指有意识思维的现象特征构成其意向内容。

可以看出，皮特利用专有的、独特的、个别的三个限定词，同时暗示了不可还原性和认知的现象意向性，呈现出较为激进的、不可还原的认知现象学。当一些有意识思维的现象特征是专有的，主体便可以从其他正在发生的有意识状态中，成功辨别出当前正在发生的某一种有意识思维。这就说明，有意识地思考特定对象的现象特征不同于其他有意识状态的现象特征。整体的现象意识状态除了知觉的现象意识状态以外，还包括认知的现象意识状态，因而认知现象学是不可还原的。当一些有意识思维的现象特征是独特的、个别的，主体能够从当前正在发生的有意识思维中识别出彼此的不同，确定当前正在发生的有意识思维的意向内容。也就是说，有意识思维的现象意识状态足以产生认知的意向状态，因而认知具有现象意向性。但是，不可还原性和认知的现象意向性并不蕴含皮特支持的专有的、独特的、个别的认知现象学。

不可还原性只是说明了整体的现象意识状态中包含认知的成分，但并不能实现对该状态中的特定认知活动的区分，这就可能导致主体难以判断不同的有意识思维是否具有不同的现象特征。从这一点上来说，不可还原性与皮特所说的独特性之间是矛盾的。而认知的现象意向性阐述的是有意识思维的现象意识状态决定了其意向状态，但不意味着该现象意识状态足以充分解释具有相同内容的认知的意向状态。因此，皮特对"个别的认知现象学"的界定就显得有些过于强硬。除此之外，他在排除了注意力不集中、功能受损等机能缺陷的原因之后，肯定主体能够有意识地、内省地、非推理地区分当前有意识思维与当前其他有意识思维、当前其他有意识状态、当前有意识思维中特定的思维内容。但是，只有当正在发生的有意识思维的现象学不同于任何其他类型的有意识状态和有意识思维，并由此构成不同的意向内容时，才能推出有意识思维有一个专有的、独特的、个别的现象学。

因此，皮特的论证得以有效的前提是对前件的肯定。他的前件中包含了两个需要解释的部分，即区分不同的有意识思维并确定是其所是。为

L

此，皮特援引德雷斯基的知觉与知觉知识进行解释。"区分不同的有意识思维"指的是德雷斯基所说的"非认识式视觉"，主体的视觉具有能够从诸多对象之中识别出特定对象的能力①。例如，从停放的众多汽车中找到你的车，这是由于不同对象所构成的视觉感受的差异。在此，涉及现象意识面对的是主体和客体之间的确定关系。主体以视觉、听觉等不同方式觉知客体。在某种程度上，现象意识状态使得客体的现象特征得以显现，从而将意识对象与其他事物区分开来，进而使关于觉知对象的指示性思想成为可能。视觉对象利用其外观提供给主体视觉上的现象意识。因此，德雷斯基的非认识式视觉概念应该与视觉的现象意识相一致。为了"识别不同的有意识思维"，皮特援引德雷斯基的"初级认识式视觉"。初级认识式视觉是在非认识式视觉的基础上形成的知识。当主体看到汽车并将其描述为可移动的物体，这就蕴含了一种初级认识式视觉。据此，他分别将视觉对应现象意识的形式，初级认识式视觉对应基于视觉的现象意识的知识。事实上，现象意识和基于现象意识的知识不仅仅包含视觉、听觉等知觉状态，也广泛出现于其他有意识状态中。例如，感觉到痛既是一种有意识的心理状态，同时也是一种有别于其他有意识的心理状态。

基于现象意识和现象意识的知识，并将其范围从知觉延伸到有意识思维，便能够合理化皮特对有意识思维的区分和识别。区分有意识思维就是肯定它具有现象意识，而识别有意识思维就是承认在现象意识的基础之上能够形成关于现象意识的知识。值得注意的是，倘若主体现象地意识到某一有意识思维的基础是其现象意识的知识，识别便是区别的前提。可以看出，在皮特的论证中，区别不同的意识思维和区别不同的有意识状态是一个整体。因此，我们可以聚焦于如何识别有意识思维来进一步分析皮特的论点。根据皮特的观点，内省到当前的有意识思维的可靠性，是由于主体能够获得关于其现象意识的知识。在这一过程之中，每种有意识思维都有专有的、独特的、个别的现象学，有意识思维的现象学得以成立。

可以看出，不可还原性所指涉的是逻辑复杂的、归纳的、可能的、解释的关系，而内省是逻辑简单的、个别的、确实的、内在的心理状态。虽

---

① F. Dretske, *Seeing and Knowing* (Chicago：University of Chicago Press, 1969), p. 20.

然皮特在一定程度上确证了不可还原性和认知的现象意向性，但忽视了二者的关联。一方面，不可还原性暗示了知觉状态的现象特征不足以解释整体的现象意识状态，后者还包含有认知部分。但不可还原性并没有对认知状态的现象特征进行更为细致的区分，这与皮特所说的"独特的"认知现象学相矛盾。另一方面，认知的现象意向性暗示了有意识思维的现象特征与意向特征之间的关联，但无法说明这些现象特征足以产生具有表征内容的认知的意向内省，有悖于"个别的"认知现象学。因此，对有意识思维的内省提供的是非决定性证据，仅仅借助内省无法证明不可还原的认知现象学，但它对其他论证可能具有相当程度的积极意义。

三 对内省论证的反驳

在研究心理现象的诸种方法中，詹姆斯将内省观察视作最有效、最重要的方法，这遭到行为主义的反对。行为主义批判内省的非科学性，推崇以预测和控制为途径、以可观察的行为为对象的实验科学。此后，一些心理学家和哲学家在经历了一番否定之否定后，重新意识到内省在实验科学中的角色。例如，在认知科学的研究中，将被试者对认知状态的口头报告作为建构认知模型的根据。事实上，内省观察不仅仅是我们个人生活的普遍特征，也能够作为证据源影响认知科学的实验研究。

一般而言，被试者的内省报告能够直接地指向世界，间接地指向他们的认知、心理、情绪、经验状态。例如，实验要求被试者在看到灯亮时按下按钮，在这一实验中被试者直接报告了灯，间接报告了视觉经验。虽然以第一人称视角为基础的内省贯穿依赖于主体报告的实验中，但这就意味着所有的报告都是内省的吗？在以胡塞尔为代表的传统现象学看来，主体在经验时具有隐性的、非对象化的、前反思的觉知，因而所意识到的经验内容无需内省。例如，我在看到灯的同时，也意识到了我看到灯。觉知可能不是基于主体反思地或内省地将注意力转向经验，而是经验自身的核心部分。正是这一部分使得经验成为有意识的，作为一阶的现象经验无需经过内省确证。从这一意义上来说，内省不是通往第一人称的有意识经验的唯一途径。

就内省本身来说，莱文认为对思维的内省是一种心理表征，传达了对思维本身的考量①。心理表征不是推理过程的结果，而是一阶思维状态直接因果作用的结果，而这也是内部处理过程的功能特征的呈现。同时，高阶表征过程的可靠性解释了现象意识的知识。那么，我们就不需要诉诸思维的现象特征来解释思维的现象意识及其现象意识的知识。沿着这一思路，泰伊和赖特指出思维的内省知识并非毫无根据，它是以内省能力为基础的。内省的知识只是解释了心理状态的内省能力，而这些状态本身并不能证实或证伪命题。除此之外，内省知识的可靠性源于其因果效力，并非不证自明②。莱文、泰伊和赖特描述了不依赖于有意识思维的现象特征及其获取有意识思维内容的不同方式，但均提出需要借助于可靠的机制才能实现。在可靠的机制下，输入特定的心理状态后，便可输出与之相对应的信念。

可以看出，他们混淆了布洛克所说的现象意识与存取意识③。根据功能的不同，布洛克对意识进行了划分：现象意识用于解释心理状态的现象特征，存取意识用于指导言语和行为的理性推理。二者的不同之处在于：一方面，现象意识的内容是现象的，而存取意识的内容是表征的。存取意识的本质作用是将其表征内容用于推理。虽然不少现象内容也是表征的，但本质上现象意识的核心是现象内容或内容的现象特征，存取意识的核心是表征内容或内容的表征方面。另一方面，存取意识是与表征系统相关的功能概念，而现象意识并非功能概念。由于执行系统接受了存取意识的内容，从而能够理性控制言语和行为。显然，莱文、泰伊和赖特所说的可靠机制无需现象意识的显现，这与皮特基于现象意识的解释形成了鲜明的对比，并在解释方式上产生了明显的分歧。

在解释有意识思维的内容时，皮特基于现象意识的方式，而莱文、泰伊和赖特则依赖于可靠机制。前者是通过内省观察到有意识思维的内容，

① J. Levine, "On the Phenomenology of Thought," in T. Bayne and M. Montague (eds.), *Cognitive Phenomenology* (Oxford: Oxford University Press, 2011), pp. 103 – 120.

② M. Tye and B. Wright, "Is There a Phenomenology of Thought," in T. Bayne and M. Montague (eds.), *Cognitive Phenomenology* (New York: Oxford University Press, 2011), pp. 326 – 343.

③ N. Block, "On a Confusion about a Function of Consciousness," *Behavioral and Brain Sciences* 18 (1995): 227 – 287.

并以现象意识为意识思维的内容得以显现的根据。以内省的现象意识为前提，所回答的是有意识思维状态中的不可还原性和现象意向性的问题。莱文、泰伊和赖特则对这一前提的可靠性提出质疑，转而寻求其他的可靠性解释。因此，皮特还需要证明，基于现象意识的解释优于基于可靠机制的解释。事实上，如何解释有意识思维的现象特征只是其中一方面。莱文、泰伊和赖特更为质疑皮特所肯定的现象特征。也就是说，他们不仅仅反对现象特征的内省解释，更进一步地拒斥现象特征本身。诚然，有意识思维属于可直接内省的范畴，内省能够揭示有意识思维的内容，但皮特以此为前提不免有过度内省之嫌。莱文、泰伊和赖特对这一内省前提提出异议，指出内省可能包含独立于现象意识的可靠过程，这也就无需对内省的可靠性进行解释。因而，内省可能是有意识思维的基础，但其本质和机制仍有待探索。

从更为一般的角度来看，基于现象意识解释内省的运作方式，涉及认识论中的内在论和外在论之争。前者认为内省、先验推理等反思形式可决定知识内容和有意识的心理状态，这便排除了存在其他可靠的心理机制的事实；后者认为仅仅依靠反思无法获得知识，还需借助更为可靠的心理机制。而莱文、泰伊和赖特正是从外在论出发反对皮特的内在论。从内在论角度看，皮特的论证思路如下：首先，内在论优于外在论；其次，基于现象意识的解释优于其他内在论解释；因此，基于现象意识的解释比其他解释更有效。实际上，这一论证过程是断言式的。为了支持外在论，泰伊和赖特引入知觉状态进行类比分析。在知觉状态中，主体以一定方式经验对象，只是涉及对象的显现使得主体处在某种现象意识状态。相应的，对特定思维的内省觉知所指向的并不是该思维的现象特征，而是主体对其内省经验的现象意识。这一分析并没有成功驳斥有意识思维的现象意识，现象意识的显现证明了有意识思维具有现象特征。但这些现象特征是否是专有的、独特的、个别的，仍是个谜题。为此，需要深入有意识思维的内省经验中，考察有意识思维的现象特征。假设现象意识本身等同于现象意识的对象，现象意识的显现即说明了主体具有现象特征，现象意识的对象也是如此。然而，对知觉的现象意识来说，这种等同性是错误的。看到汽车不同于主体对汽车的现象意识，因而对象自身并不具有现象特征。那么，在有意识思维的现象意识中，这种等同性能站得住脚吗？

根据等同性，有意识思维等同于对有意识思维的内省意识，二者有相同的现象特征。对此，霍根从自动显现的意识来进行论证。一方面，从知觉的现象意识状态来看，该状态不仅仅向经验主体显现对象及其属性，也同时显现了自身①。这样一来，每种现象意识状态都蕴含了特定类型的现象特征。例如，对红色物体的视觉经验中包含对象的属性及其独特经验。他们将这一过程描述为自动显现的意识，其范围不仅仅限于知觉状态。即是说，自动显现的意识的动力是现象意识，其囊括了知觉的、有意识思维的现象意识。但问题在于，他们所说的自动显现的意识并不一定具有皮特所说的专有性、个别性要求。另一方面，自动显现的意识与内省知识不同。自动显现的意识是前反思的，附随于现象意识状态；而内省知识是反思的，受意向引导，以获取关于自身的知识为目的。如果有意识思维的现象意识等同于自动显现的意识，那么皮特以现象意识为基础解释有意识思维的知识，仍是有效的。

就此而言，我们如何在知觉状态中证实基于现象意识的解释？经验到红球的现象特征能够说明球是红色的，但同时也隐含了对红球的错误表征可能产生相同的经验。也就是说，红球的显现不需要具有专有的、独特的或个别的现象特征。那么，有意识思维的显现是否必须具有专有的、独特的、个别的现象特征？这种担忧挑战了皮特对现象特征本质的看法，质疑有意识思维的现象特征是否必须是专有的、独特的和个别的。离开这三个必要条件，有意识思维的现象特征就可以还原为知觉的现象特征。因而，从总体上来说，在现象意识的基础上的内省是不可靠的，内省本身无法解决认知现象学的各种争议，基于有意识思维的内省论证也是不确定的，其积极意义在于在一定程度上可以将内省视为认知现象学的不可还原解释的逻辑起点。

---

① T. Horgan, J. Tienson, G. Graham, "Internal World Skepticism and the Self-presentational Nature of Phenomenal Consciousness," in U. Kriegel and K. Williford (eds.), *Self-representation Approaches to Consciousness* (Cambridge：The MIT Press, 2006), pp. 41–61.

第二节　基于现象对比的论证

现象对比是论证不可还原的认知现象学最为常见的方式。现象对比论证以事实例证为依据，揭示主体在同一情景中的现象差异，进而推断其现象意识状态的具体构成。与内省的直接性相比，现象对比论证引入不同情境中的现象特征差异，间接说明认知现象学的不可还原性。这一论证预设了主体能够内省到现象差异，肯定了一些心理状态的现象特征。在此基础上，它将不同的现象意识状态剖析为三种情形：以心理状态的现象差异为前提的纯粹的现象对比；以缺乏知觉现象学的心理状态为前提的假设的现象对比；而释义的现象对比不仅仅以心理状态的现象差异为前提，还依赖于对这些现象差异的注解。可以看出，后两种现象对比是通过强化现象对比方法，完成对不可还原的认知现象学的建构。

一　纯粹的现象对比

在纯粹的现象对比论证中，最为典型的解释方式是：假设两个场景中，主体的现象意识状态发生变化时，认知状态也随之发生改变，但非认知成分保持不变，从而说明认知状态与现象意识状态之间的关联。其中，以斯特劳森对理解的现象意识状态的解释为典型。斯特劳森从广义上将"经验"解读为"有意识"的心理活动，意识流即经验流[①]。所有的经验都是有意识的经验。经验既有知觉、概念的内容，又有质性。经验包括纯粹的感觉经验和抽象的认知经验，感觉与认知相互关联。在本质上，所有的经验都由难以量化的、形式多样的知觉内容和认知内容所组成。例如，视觉、触觉、听觉、嗅觉等感觉，痛感、呕吐感、肌肉酸痛感、痒等，有意识思维、阅读与理解、幻想、想象的经验等。虽然视觉感知等知觉经验常被视为感觉经验的范例，但其本质上也是概念化的。人通常难以在复杂的知觉经验中，明确地区分出其中的感觉因素和概念因素。但是，知觉经验的现象学认为知觉经验的许多方面直接来自感觉，并自动运用了一些概

---

① G. Strawson, *Mental Reality* (Cambridge：The MIT Press, 2010), pp. 2 – 5.

念。根据斯特劳森的观点，理解的经验不仅仅包括感觉或声音，还包括理解本身的经验。因此，除了知觉经验的现象学之外，还有语言理解等认知经验的现象学。

为此，他提出了语言理解的思想实验，追问"除了视觉经验、听觉经验等之外，是否真的存在理解经验"①。具体地说，当一个只懂法语的法国人雅克和一个只懂英语的英国人杰克同时听到法语新闻时，他们的经验是否相同？二人在享有相同听觉经验的情况下，雅克理解了新闻内容，杰克只是听到声音流，对新闻内容一无所知。在此，只有雅克具有了斯特劳森所说的"理解的经验"。两者之间的区别可以表述为，在同时经验到声音流时，雅克自动地把声音转化为符号、单词和句子，将声音理解为命题内容及其事实；对杰克来说，它只是一组声音流。因此，二人产生不同的理解经验。

对于生成理解经验的主体来说，经验对象在其中是以另一种面貌呈现出来的。当主体有意识地思考时，误解和正解都包含了理解经验。因而，理解经验是当前经验过程、有意识状态的一部分。与知觉状态中鲜明的现象特征相比，理解经验虽然没有明显的质性，但并不能就此否定理解经验具有现象特征的可能。根据这一现象对比的案例，可以做出如下推论：雅克与杰克处于不同的现象意识状态；在他们所处的现象意识状态中，知觉部分相同，而认知部分不同。一般来说，现象差异或来自知觉部分或来自认知部分，在此对现象差异的最佳解释则是认知部分的不同。因此，该现象意识状态是认知状态，而非知觉状态。在斯特劳森对这一现象的对比论证中，仍有三个问题有待回答：二人是否具有相同的知觉状态；他们是否具有不同的认知状态；一些现象意识状态是否完全属于认知状态。这直接关涉到理解经验能否说明认知现象学的不可还原性。

首先，雅克与杰克是否具有相同的知觉状态，这是值得探讨的。在某种意义上，他们并没有经验相同的听觉体验，二者可能处于不同的知觉状态。例如，只有雅克自动地把声音分割成以词、句为理解单元的结构，形成了对应于新闻内容的视觉图像，而杰克并没有产生类似的体验。这一差

---

① G. Strawson, *Mental Reality* (Cambridge：The MIT Press, 2010), pp. 5–13.

异能否充分解释理解与不理解所呈现出的现象变化？为了排除这一疑虑，斯特劳森假设了另一种情景：A、B 都懂英语，且看到了一个由英语单词编成的代码，其中只有熟悉代码的 A 能够理解代码的意义。在此，A、B 的听觉体验可能极为相似，但 B 没有产生理解经验。值得注意的是，斯特劳森对二者的知觉经验做出了限制，认为他们有"相同的听觉体验"①。事实上，这为其他感觉的差异留有余地，也为知觉的现象学留有解释空间。因此，斯特劳森的解释并没有完全排除知觉层面，使得认知差异在解释上的充分性论证成为纯粹的现象对比论证的难题之一，也进一步关涉到是否存在不可还原的认知现象学。

其次，雅克与杰克是否处于不同的认知状态，仍有争议。这一争议反映的是对语言理解的相关形式的本质分歧：一种观点认为语言理解至少部分是认知的心理状态，那么二人具有不同的认知状态为真；另一种观点认为语言理解完全是一种知觉的心理状态，那么二人具有不同的认知状态为假。理解能否完全归属于知觉的心理状态，取决于对知觉的界定和划分。在一定意义上，知觉可划分为低阶内容与高阶内容，前者表征形状、颜色、声音、气味等属性，后者表征意义、自然类、人为类和因果关系之类的属性。显然，在这一界分中，思维仍属于知觉状态的范畴，并明显挑战了斯特劳森对理解经验的解释。

最后，主体的一些现象意识状态是否完全属于认知状态，这也有待商榷。在不可还原解释之下，一些认知状态属于现象意识状态，但并不排除其中包含知觉状态的可能。不少现象意识状态部分是认知的，部分是知觉的。因此，一些现象意识状态只是包含部分认知状态，而非全部由知觉状态构成。其中，认知成分只能够作为现象意识状态的充分条件。

鉴于以上三个方面的考量，认知现象学需要在纯粹的现象对比论证之外，寻找更坚实的基础。理解经验作为一种特定类型的认知现象学，与获取语言表达的意义相关。显然，理解与否都超出了视觉和听觉经验，知觉经验无法解释这两种心理状态之间的现象差异，只能诉诸一些认知经验的现象特征。除了理解经验，货币换算的经验中也可发现现象差异的踪迹。

---

① G. Strawson, *Mental Reality* (Cambridge：The MIT Press, 2010), p. 6.

在跨币种的支付经验中，主体能够获得从熟悉货币到陌生货币的换算体验，换算过程显现了两种经验的现象差异。可以看出，认知经验以知觉经验为基础，一些认知的意向状态依赖于其所发生的知觉经验。因此，认知现象学并不否认认知所依赖的知觉基础，认知的意向状态尤其依赖于知觉经验。换句话说，如果没有感觉、知觉经验，我们可能就没有认知经验。但是，认知经验中的概念元素本身是经验的，并导致一些知觉经验具有认知的现象特征，但这不足以证明以有意识思维为代表的不可还原的认知现象学。

二　假设的现象对比

面对纯粹的现象对比论证的挑战，假设的现象对比论证放弃了以实际例证为出发点，转而以僵尸的思想实验为基础，预设了一组知觉状态保持不变的现象对比案例，即"假设的"现象对比。在假设的对比论证中，现象意识状态中的认知部分独立于知觉部分。从逻辑上来说，这种独立性蕴含了一定程度的不可还原性，接受独立性等于认同存在纯粹的认知现象学。为了排除知觉的现象意识状态，克里格尔将缺乏现象特征的状态视为僵尸，并构想了名为佐伊的僵尸的思想实验①。在实验中，他将佐伊分别带入三个阶段的想象生活。

第一阶段是想象佐伊为一个局部僵尸。虽然局部僵尸丧失了特定的现象意识状态，但其具有的内部状态的功能与正常人相同。在此，克里格尔具体分析了感觉僵尸、痛觉僵尸、情绪僵尸三种局部僵尸。以视觉为例，他具体阐释了所设想的感觉僵尸。由于大脑功能失调，佐伊天生失明，丧失了视觉感知和视觉想象能力。她的视觉机制仍能够处理一些视觉信息，视觉状态在功能上与正常人相同，但在视觉现象学上却有所欠缺。类似的，这种情形可延伸至听觉、触觉、味觉、嗅觉的感觉僵尸。对感觉僵尸来说，先天的知觉系统无法产生知觉的现象学，而知觉处理机制的幸存使其依然能够产生各种各样的知觉状态。除此之外，还有痛觉僵尸和情绪僵

---

① U. Kriegel, *The Varieties of Consciousness* (New York: Oxford University Press, 2015), pp. 53 - 70.

尸。在分别说明了感觉、痛觉和情绪的局部僵尸后，克里格尔进入第二阶段，想象由将各种局部僵尸合成的感觉—痛觉—情绪僵尸。尽管佐伊丧失了感觉—痛觉—情绪的现象学，但仍有信息处理能力，而这一能力并不能为她提供现象的经验。第三阶段是对第二阶段所想象出的人作出规定，"她恰好是一个数学天才，并且花时间重新开发了基本的几何学和算术。在黑暗感觉世界、空虚的情感世界，她通过制定数学命题避免厌倦，简单地思考它们的合理性并试图用临时设定的公理予以证明"①。在此，虽然佐伊明显不同于常人，但有逻辑上存在的可能性。

为了说明现象意识状态中认知的独立性，克里格尔需要先证明佐伊具有现象意识状态。他设想了佐伊的顿悟时刻，表现为在茅塞顿开、灵光突现时具有与之前不同的现象意识状态。由于佐伊为感觉—痛觉—情绪僵尸，并没有知觉，她的现象意识状态就是一种纯粹认知的现象意识状态。据此，这一推理就同时说明了独立性和不可还原性。但这一论证的弱点在于，佐伊虽然在某种意义上是可想象的，但无法由此确定她的实在性。帕茨（A. Pautz）彻底否定佐伊的可设想性，指出"完全无法想象脱离知觉的认知现象意识状态"②。在此，对于可设想性的判断，就涉及模态认识论。查默斯区分了积极与消极的可设想性。"消极的可想象性认为，无法先验地排除 S 或者 S 中没有明显的矛盾时，S 是消极上可想象的。而积极的可想象性要求能够对所设想的可能情况形成概念，在该情况下，S 是成立的。通常，这种想象往往伴随着解释和推理。当想象一种情况并对其展开推理时，能够证实 S。"③

从这个角度看，佐伊仅仅符合了消极的可设想性。克里格尔对佐伊的设想，完全是从第一人称视角想象出她的内心生活，其积极的想象力并不是基于实际存在的感觉图像。帕茨认为，佐伊的整体现象意识状态中缺乏感觉图像。实际上，这种观点增加了对查默斯所说的积极可想象性的限

① U. Kriegel, *The Varieties of Consciousness* (New York: Oxford University Press, 2015), p. 55.
② A. Pautz, "Does Phenomenology Ground Mental Content?" in U. Kriegel (ed.), *Phenomenal Intentionality* (Oxford: Oxford University Press, 2013), p. 219.
③ D. Chalmers, "Does Conceivability Entail Possibility?" in T. Gendler and J. Hawthorne (eds.), *Conceivability and Possibility* (Oxford: Oxford University Press, 2002), pp. 145–150.

制，并仅仅将其限于感觉图像之中。但是，在纯粹认知的现象意识状态中，可能不涉及形成它们的感觉图像。即使帕茨承认可想象的佐伊，仍然否认可积极设想她的现象意识状态。

根据克里格尔的三个阶段设想，即从局部僵尸到合成感觉—痛觉—情绪僵尸，继而设定具体的认知情景，由此证实其中之人具有认知的现象意识状态。对佐伊具有现象意识状态与否的解释，取决于对数学真理由未知到顿悟的现象对比。因而，克里格尔的论证包含两个预设：现象的心理状态与物理状态之间具有解释鸿沟；佐伊所呈现的状态合理地保证了心理状态与物理状态的解释鸿沟。事实上，心理状态与物理状态之间的解释鸿沟，并不能成为判断现象意识状态的充分理由。因此，克里格尔的推理中仍然存在一个空白：即使解释鸿沟中显现出了物理状态之外的现象意识状态，也无法作为判断现象意识状态是否存在的依据。

三　释义的现象对比

释义的现象对比论证是在纯粹的现象对比基础上，对其中现象差异进行注释的论证方式。具体地说，释义的现象对比在引入判断命题时，依据主体所处的不同现象意识状态，提供了以认知的现象差异为根源的注解，从而说明不可还原的认知现象学。丘德诺夫以对数学命题的判断为例，假设主体对数学命题是否成立持有两种不同看法的认知情形，阐释了这一论证的逻辑过程①。在问及"当 $a < 1$，则 $2 - 2a > 0$"是否成立时，看到公式和肯定公式分别处于两种不同的现象意识状态。二者的差别在于，肯定公式时的现象意识状态表现为现象地意识到命题的抽象状态，而看到公式时并没有这种状态。对此，现象意识状态中的知觉部分是无法予以解释的，而这种现象差异只能由其中的认知部分造成。因此，现象意识状态中包含了一些认知状态，且该认知状态不能还原为知觉状态。这一论证预设了不同认知主体之间的现象差异，这是结论之所以成立的前提。从直观经验来看，这种现象差异是显而易见的，而将之解释为肯定者具有对数学命题的现象意识，则附加了对现象差异的注解。这使得论证成为一个经过注释的

---

① E. Chudnoff, *Cognitive Phenomenology* (New York：Routledge，2015)，pp. 55 – 60.

现象对比案例，有别于以描述不同情形的现象差异为基础的纯粹的现象对比论证和假设的现象对比论证。因此，随之而来的便是考量这一释义的合法性问题。

对释义合法性的考量，可从以下三个方面展开。第一，内省能够证实注解的合理性。尽管对内省的决定性地位有所保留，但不言而喻的是，主体能够内省到一些现象意识状态[①]。例如，主体可以内省到不同程度、不同类型的疼痛感受，由此推至认知状态中的现象对比，认知的现象学也可由内省判断。第二，注释能够解释不同现象意识状态之间的相似性。以更为具体的事态为例，在判断"门口停着一辆汽车"的真假时，未经察看和经察看证实属于两种不同的现象意识状态。后者在视觉上意识到了一个具体事态，这与对数学命题的意识是相似的。这种相似性与其内容无关，而与意识的结构相关。两者均意识到与判断命题真实性相关的事态。第三，对现象对比的注释可能是解释现象意识状态中认知部分的较为合适的选择。大致地看，其他释义分为两类：第一类认为，现象意识状态中不涉及对命题真值的确证，如肯定者的现象意识状态只是一种自我满足感；第二类利用其他方式所意识到的真值来进行解释，如肯定者的现象意识状态只是提出命题可能为真。第一类无法解释现象意识状态之间的相似性，并且附随于现象意识状态的感受是不断变化的。在这种情况下，当命题再次出现时，主体可能处于不同的现象意识状态。即使其中确实包含了获得它的一般感受，但无法涵盖全部的感受。在第二类释义中，将对命题的证明视为意识的特殊功能。事实上，现象意识状态的独特功能是对抽象事态的认知。对于一些仍未得到证实的猜想，主体仍然处于判断该命题的现象意识状态。需要强调的是，释义的现象对比论证中针对的是对数学命题的经验，而不是对特定命题真伪的确证。

知觉能否充分解释整体的现象意识状态，取决于知觉状态的性质。知觉状态涉及对时空的觉知，而对数学真理等抽象事态的觉知是非时空的。即使肯定了知觉的高阶属性，表征抽象事态与现象地意识到抽象事态，仍

---

① C. Siewert, "On the Phenomenology of Introspection," in D. Smithies and D. Stoljar (eds.), *Introspection and Consciousness* (Oxford：Oxford University Press, 2012), pp. 129 – 168.

然是两种完全不同的情况。在此，现象对比的例示表明了，一些认知状态可能处于现象意识状态，因而认知现象学是不可还原的。

第三节 基于意向性的论证

在认知现象学的框架中，对意向性的讨论是围绕着以现象意识为基础的现象意向性展开的。现象意向性以心理状态的现象特征为基础，现象意识是产生意向状态的关键。从现象意向性出发，不可还原的认知现象学分析侧重于分析在认知状态中，有意识思维的现象特征与意向特征的关系，尤其是涉及对现象意向性在解释意向内容中的入场分析。

一 联合现象学与意向性的现象意向性

现象意向性的探讨肇始于对现象意识的重视，当代心灵哲学开始重新审视现象意识在意向性理论中的核心地位，并将由现象意识构成的意向性称为现象意向性。根据传统心灵哲学中的意向性和现象意识理论，强调意向性与现象学具有内在相关性，这是构成现象意向性的哲学依据。这一理论基础主要受到两个方面的影响：一方面是接受和继承了来自布伦塔诺关于意向性的相关研究经验；另一方面是吸收和发展了来自胡塞尔在现象学方面的研究成果。

布伦塔诺将整个现象世界划分为物理现象与心理现象两类，与具有广延的、空间位置的物理现象相比，心理现象关涉一种内容、指涉一个对象，这种意向性是心理现象的特性。在此，他首次将意向性引入心灵哲学，并将其视为心理现象独有的特征。据此，他以意向性为标准区分了心理现象与物理现象，并赋予意向性与意识相同的外延，"由于'意识'一词也指涉一种意识所意识到的对象，这看来与心理现象的区别性特征——关于对象的意向的内存在特征——更为相符"[1]。意识的这一概念类似于"现象的"概念，尤其体现在解释心理现象的双重对象时，"每种心理行为

---

① 〔德〕弗兰兹·布伦塔诺：《从经验立场出发的心理学》，郝亿春译，商务印书馆，2017，第120页。

都是有意识的；它在自身之中包含了一种对其自身的意识。因为，每种心理现象，不论多么简单，都具有双重对象：一阶对象和二阶对象。例如听这种简单行为，它有一阶对象——声音；以及二阶对象——听自身，即，在其中声音被听到的心理现象"①。这样一来，一阶对象就指向了外部客体，二阶对象就指向了自身。这一划分延伸到心灵哲学的语境中则体现为现象方面（声音）和意向方面（听），它们是心理现象中两个独立的、不同的方面。同时，每个心理状态都具有对自身的意识，心理状态这种内意识是自明的。按照布伦塔诺的理论，一切意识都是意向性的；反过来讲，一切意向性都是有意识的或者以某种方式派生于意识。

在强调每一心理现象都是有意识的之后，布伦塔诺继而指出，心理现象的另一种特性是内意识即现象意识，是以意向内容为内容的意识。二者都属于同一种心理行为。例如，在听这一行为中，声响是意向内容，而现象内容是指通过声响这种意向内容而产生的寂静或欢腾的感受。布伦塔诺在挖掘了这两种特性之后，尝试将二者统一起来，"对一阶对象的认识与对二阶对象的认识并非两种不同的现象，而是同一个整体现象的两个方面；二阶对象以不同方式进入我们意识这一事实也不消除意识的统一性。我们必须将这两种对象解释为统一的真实存在之部分"②。在此，他将现象意识视为二阶对象，认为现象意识是主体以第一人称视角所经验到的心理的本质和结构，并统一于心理现象这一整体之中。对此，当代心灵哲学将现象意识的内容表述为现象意向性，而布伦塔诺的论证也在一定程度上确认了现象意向性。

胡塞尔接受并改造了布伦塔诺的意向性概念，其后期的发生现象学的"视域"概念，也是理解现象意向性的关键，为解释经验的现象方面与意向方面的关联提供了思路。"所谓'视域'，通常是指一个人的视力范围，因而它是一种与主体相关的能力。它是有限的。但'视域'又可以是开放

---

① 〔德〕弗兰兹·布伦塔诺：《从经验立场出发的心理学》，郝亿春译，商务印书馆，2017，第182页。

② 〔德〕弗兰兹·布伦塔诺：《从经验立场出发的心理学》，郝亿春译，商务印书馆，2017，第184页。

无限的，随着主体的运动，'视域'可以随意的延伸。"① "视域"一方面与主体的能力有关，另一方面又随主体运动而得以不断延展。因此，胡塞尔正是利用"视域"概念赋予经验结构意向特征，而具有主观性的经验与主体自身的视域范围有关，因而是现象的；"视域"结构是经验的本质特征，以特定的结构呈现出独立于心灵的客观世界，也是意向的。在此，"视域"体现了经验的现象特征和意向特征的融合。同时，视域的范围不是完全孤立封闭的，而是与时间、环境、世界紧密相关，具有不断变化的潜在可能性。正如胡塞尔所说，"视域始终是活的，流动着的视域。不断持续的生活所具有的视域可能性最终植根于原初时间流连同过去视域和未来视域的发生性规律之中"，而且"经验都具有这样一个视域结构，因而与此相关，所有意识作为关于某物的意识也始终是视域意识"②。在此，胡塞尔从经验的主观性、时间性出发，利用"视域"概念解释了意向性入场现象特征的过程。也就是说，"视域"概念是从第一人称角度研究意识经验的结构，这也使得"视域意识"成为一种具有意向特征的意识。

可以看出，"视域"具有两个方面的影响：从现象特征的方面来看，先验结构以现象的方式内在于经验，是经验得以意向地表征外界的前提；从意向特征的方面来看，"视域"结构指示了具有意向性的经验结构，而经验结构又入场于经验的现象特征，理解意识的意向性需要综合经验的意向特征和现象特征。二者统一于意识经验的结构之中，体现为经验的自明性。当现象学主要集中于研究我们意识经验的结构时，这种结构成为经验的这种明证性之源，主体可以通过反观自身经验而通达对经验的理解。例如，胡塞尔指出，当我们看到一棵树时，实际上并未看到这棵树的全貌，树是以高度结构化的方式呈现在我们的经验之中；当我们绕着树走动时，看到了这棵树新的轮廓，从而不断更新关于这棵树的结构图。根据胡塞尔，人们都有自己的立足点及其从这个位置上出发对身边的事物的观看，这就使得我们看到不同的事物显现。可以说，胡塞尔的"视域"概念触发了当代对现象意向性问题的思考，为建构意向性的现象理论提出了更有希

---

① 倪梁康：《胡塞尔现象学概念通释》，商务印书馆，2016，第231页。
② 倪梁康：《胡塞尔现象学概念通释》，商务印书馆，2016，第229页。

望的框架。

总之，布伦塔诺、胡塞尔对意向性的现象学解释，是从第一人称角度出发来对心理状态进行分析。这是由于有意识的感知经验有两面性：一方面是经验主体具有感觉起来像什么的现象特征；另一方面是指向外部世界的意向性。这就包含了经验的现象特征和意向特征。从布伦塔诺对一阶对象、二阶对象的划分，到胡塞尔的"视域"概念，充分体现了意向性由内向外（关涉性）到由外向内（反身性）转向，表现出了强调经验主体的现象特征的趋势，这极大地提升了现象意识在意向性中的地位，并在逻辑空间中提供了理解意向性的新角度。

二　现象意向性的内容入场

关于有意识思维中的现象特征与意向特征的关系，认知的现象意向性指出了认知的现象意识状态对认知的意向状态的决定作用。根据认知的现象意向性，意向内容凭借现象特征进入认知的现象意识状态。因而，内容入场通常指的是一些现象意识状态使得主体处于认知的意向状态，也不乏更为激进的观点认为一些现象意识状态足以充分解释主体所处的认知的意向状态。入场论的吸引力在于诊断和修复了心灵哲学中在理解意义与意向性时所存在的裂痕。这种裂痕主要表现为两种不同路向：一是确定性问题，将意义和意向性的潜在决定因素限制在公共的、可观察的方面；二是自然化问题，将物理、历史和环境等外部因素视为构成意义和意向性的充要条件。以认知的现象意向性为基础的内容入场指出，以上两种路向在解释意义与意向性时，忽略了其所依赖的现象意识状态。

如何理解基于现象意识状态的意向状态？这是入场论中的需要回答的关键问题之一。依据入场关系的非反身性，当我们说现象意识状态入场意向状态，二者并不是一种等同关系。对此可能的回复是：一种是挑战入场的非反身性；另一种是一种现象意识状态可能对应多种意向状态。非反身性排除了现象意识状态与其入场的意向状态的等同，但并未排除其等同于未入场的认知意向状态的可能性。这意味着，至少一些认知意向状态不是基于现象意识状态。更为激进的观点则明确指出，现象意识状态等同于意向状态。根据这种观点，认知意向状态本身不需要入场，而仅仅作为入场的补充。认知的现象意向性在说明一些现象意识状态具有认知的意向状态时，主要依靠的是现象对比案例和假设场景来实现。

以贝恩为代表的第一种策略认为，现象意向性能够延伸至表征高阶属性的意向状态[1]。对此，他分析了由联想失认症引发的现象对比案例。联想失认症者能够看到颜色和形状，但无法在视觉上进行范畴化识别，这就为现象意向性由低阶属性延伸到高阶属性提供了依据。虽然我们无法直接获知患者的现象意识状态，但可以假设他的视觉体验的现象特征发生了变化。那么，联想失认症者失去了何种属性的知觉内容？显然，他处理低阶内容的能力保持不变，因而没有丧失表征低阶属性的知觉内容。因此，他所缺乏的不是知觉模式，而是范畴化知觉的能力。这就说明高阶属性的知觉表征可以入场于知觉的现象内容。也就是说，在现象特征上有所不同的两个经验表现出了对高阶属性的意向表征的差异。因此，现象意识状态决定了意向状态，现象意向性就延伸到高阶表征。在斯特劳森关于雅克和杰克的现象对比案例中，二人所处的现象意识状态决定了其意向状态。

为了反对将现象意向性延伸到表征高阶的意向状态，布罗加德（B. Brogaard）提出了属性附随论，即主体具有现象特征的经验，并能够通过该经验具有现象意识[2]。在此，特定的现象特征是使得心理状态处于某种现象意识状态的前提，并表现出对该状态的现象意识。同时，这一现象意识状态决定了主体处于具有表征内容的意向状态。在属性附随论中，现象特征决定现象意识，这说明了现象意识状态对意向状态的确定作用。但问题在于，从表面上看，由于具有某种现象特征的经验使人意识到某种属性，并不意味着能够决定意识到相同属性的其他经验。这种可能性催生了现象意向性的第二种策略。第二种策略不依赖于一般原则，而是立足于对特定的假设场景的考察。例如，西维特将意向特征视为主体以特定方式塑

---

[1] T. Bayne, M. Montague, "Cognitive Phenomenology: An Introduction," in T. Bayne and M. Montague (eds.), *Cognitive Phenomenology* (New York: Oxford University Press, 2011), pp. 1 – 33.

[2] B. Brogaard, "Do We Perceive Natural Kind Properties?" *Philosophical Studies* 162 (2013): 35 – 42.

造和定位对象的途径，依赖于与该方式相关的现象意识状态①。这就表明现象意识状态决定了意向状态。同样的，直觉到数学真理既是一种认知的意向状态，也是一种现象意识状态，这为认知的现象意向性提供了初步证据。在这一决定关系之中，意向内容本质上依赖于现象特征，而现象特征是窄的、内在的，其构成性不依赖于外部因素。因此，意向内容在构成上也是内在的、窄的。现象意向性与内在的现象特征共同指向窄的现象意向内容。这样一来，现象意识状态决定意向状态，并且意向状态在构成上完全依赖于现象意识状态。

三 现象意向性的挑战及其回应

不同的大脑状态可能处于相同的现象意识状态，这使得受窄因素控制的现象意识状态遇到了障碍，难以实现对意向状态的决定作用。因而，审视现象意向性的合理性变得尤为关键。认知的现象意向性需要解释的是，其意向状态是否完全依赖于现象意识状态。意向状态预设了主体拥有对不同概念的表征能力。反对认知的现象意向性认为，每个认知的意向状态涉及指称不同对象的一种或多种概念，表征这些概念的认知意向状态并不仅仅取决于现象意识状态，现象意识状态无法确定认知的意向状态，因而认知的现象意向性是错误的。

通过对不同概念的表征，主体进入指向特定对象的意向状态。指示类、自然类、数学类、人工类、社会类、逻辑类等不同类型的概念，分别对应不同的表征能力。给定的认知意向状态涉及至少一种上述种类的表征能力，多种表征能力共同构成的认知意向状态依赖于现象意识状态以外的因素。例如，当我们处于将绳子看作绳子、将蛇看作绳子两种状态时，我们可能处于相同的现象意识状态，但处于具有不同内容的意向状态。其中，自然类概念依赖于对象的基本性质。在普特南的孪生地球思想实验中，地球上水的基本性质是 H_2O，孪生地球上水的基本性质是 XYZ。虽然主体在这两种情形处于相同的现象意识状态，仍具有不同的意向内容。因

---

① C. Siewert, *The Significance of Consciousness* (Princeton, New Jersey: Princeton University Press, 1998), p. 221.

此，这些概念的认知意向状态本身并不仅仅取决于现象意识状态。反对认知的现象意向性认为，由这些案例所抽离出的普遍性，并不适用于日常现象。认知的意向状态不是孤立的，而是潜藏在思考对象以及认知活动之中。面对如何表征认知的意向状态中的现象方面，现象意向性预设了相同的意向状态中有相同的现象特征，从而推出认知的现象意向性。但是，在考虑到现象意识状态的发生背景时，又涉及对象、社会等相关因素，在一定程度上削弱了认知的现象意向性。

面对这一困境，现象外在论，内容内在论、部分决定论分别从不同角度进行解释。根据内容内在论，现象意识状态在构成上不依赖于对象、社会等外部因素；与之相反，现象外在论则认为，现象意识状态本质上取决于外部因素①。在此，现象外在论一方面弱化了内省能力，尤其是动摇了对现象意识状态中知觉部分的内省；另一方面否定了想象力以及对想象的解释。但是，内容内在论又错误地设想或错误地解释所设想的情景状态。通常，自然语言能够描述认知意向状态的内容，主体依据理解程度作出真值判断。如何解释认知意向状态的内省与自然语言所描述内容之间的相关性，是现象外在论与内容内在论的分歧所在。在这一分歧之上，形成了对内容的不同解释。在孪生地球的思想实验中，共同称之为水的东西具有不同的化学成分，这说明的是宽的认知意向状态。内容内在论则认为，其中共享的现象意识状态决定了认知的意向状态。关于这种认知意向状态及其真值条件，内在论分别从罗素式内容和弗雷格式内容寻找到了依据②。

内在论的第一种策略是以罗素式内容为据，心理状态内容涉及世界中的对象和特征。以信念为例，信念由概念所组成，概念的外延指称对象和特征。如"暮星很明亮"，暮星的外延是金星，明亮的外延是亮度特征。信念中的概念外延解释了信念的意向内容，暮星很明亮的信念可能具有以下内容：金星，亮度。这种内容是对特定对象或特征的综合，被称为罗素

---

① T. Burge, "Individualism and the Mental," *Midwest Studies in Philosophy* 4 (1979): 73 – 121.

② D. Chalmers, "The Representational Character of Experience," in B. Leiter (ed.), *The Future of Philosophy* (Oxford: Oxford University Press, 2004), pp. 153 – 181.

式内容。在此，现象特征等同于意向特征。例如，经验到红色皮球时，主体状态中呈现出了红色和皮球的罗素式内容。从颜色相关的现象特征来看，现象的红色例示了对象是红色的，具有红色特征的内容。只有在熟悉该内容的组成部分的情况下，才能处于具有特定内容的认知意向状态，而主体自身的知觉是产生熟悉内容的基础。在此，认知意向状态的实际内容出自所关注的对象和属性，这也可以替换为它们与自我、感觉数据和普遍性的关系。

内在论的第二种战略是以弗雷格式内容为据。弗雷格区分了语词的指称与意义，如"托尼·布莱尔""2004 年的英国首相""切丽·布莱尔的丈夫"，这些概念的指称对象相同，但意义不同。如果意义是为辨识指称而设立的规则，使语词未明确的指称变得更精确，那么，狭义地讲，如果将词义视为辨别指称对象的方式，那意义就在我们的脑中；广义来说，意义不仅是指称对象本身，还包括其呈现方式。据此，认知意向状态的内容从所关注的对象和属性的呈现模式出发。同一对象可能有多种呈现方式，如托尼·布莱尔是 2004 年的英国首相或托尼·布莱尔是切丽·布莱尔的丈夫。根据弗雷格的观点，二者呈现方式的不同决定了内容的不同，当水分别呈现出 H_2O 和 XYZ 时具有不同的意向内容。内容内在论的意向建构为认知的现象意向性提供了可能，但仍存在一定问题：首先，人们在认知中的意向建构需要以一种语义中立的语言来描述场景，这一语言的语义属性具有不依赖于外部因素的先验性；其次，意向构建可能并不能真正解释呈现的方式；最后，与思维相关的认知意向不仅仅取决于其现象特征，现象意识状态的相同并不能保证意向倾向的同一。

除了内容内在论之外，部分决定论对认知的现象意向性进行了限定，使其决定作用成为部分的而非完全的决定作用。根据部分决定论，现象意识状态在确定认知意向状态方面起着一定作用，但仍需要借助于非现象因素，这就动摇了以现象特征为基础的认知的现象意向性。在分析部分决定论时，需要厘清决定关系中入场与必然的区别。必然意味着全有或全无：现象意识状态是认知的意向状态，或者现象意识状态不是认知的意向状态。与之不同，入场则可以是部分决定的解释关系。假设一些现象意识状态基于认知的意向状态，那么这就提出了现象意识状态本身是什么的问题。现象意识状态部分入场认知的意向状态，是由于认知的非意向的现象特征，但这只是选择现象意识状态的方式。但是，现象意识状态的本质与选择方式无关。即使通过它与意向状态的关系来选择现象意识状态，也不足以说明现象意识状态本身是意向的。因此，肯定认知的现象特征能在一定程度上说明不可还原，现象意识状态对认知意向状态的作用可以从以下三个角度进一步展开分析。

第一，现象例证角度。"由现象组成的意向性普遍存在于人的心理生活中"①，集中表现为具有现象特征的意向性，现象的心理状态具有与其现象特征不可分割的意向内容，每个现象特征都例示了与之相关的意向内容。对此，霍根和梯恩森通过广义的现象学来论证现象特征的意向性："你看到附近桌子上有一只红色的钢笔，桌子后面是一把红色的扶手椅。看到红色一定有对你来说像什么的东西，但首先你所看到的红色是客体的属性。这些客体位于你的视觉中心，是完整的三维场景的一部分，还包括地板、墙壁、天花板和窗户。这种空间特征建立起了经验的现象学。"② 其中最为关键的是，在经验中所注意到的红色是外部客体的属性，红色是被表征的属性。这个论证回应了表征的透明性理论。同时，现象意向性也表现为具有意向性的现象特征，意向的心理状态具有与其意向内容不可分离的现象特征，每个意向属性都例示了相关的现象特征。根据霍根和梯恩森的观点，对意向性的现象学的论证主要依赖于详细的现象学观察，这种观察表明了意向性能够产生对应于命题态度的内容以及信念和欲望的态度的现象特征。

通过现象学的意向性和意向性的现象学两个维度的论证，霍根和梯恩森指出了主体的现象复制，进而论证了现象意向性的广泛性主要体现为：基于现象复制的、成对的知觉现象意识状态必然共享一些内容，因此，现

---

① T. Horgan, J. Tienson, "The Intentionality of Phenomenology and the Phenomenology of Intentionality," in D. Chalmers (ed.), *The Philosophy of Mind: Classical and Contemporary Readings* (Oxford: Oxford University Press, 2002), pp. 520 – 533.

② T. Horgan, J. Tienson and G. Graham, "The Phenomenology of First-person Agency," in S. Walter and H. D. Heckmann (eds.), *Physicalism and Mental Causation* (Imprint Academic, 2003), pp. 323 – 341.

象的复制必然共享知觉信念和非知觉信念。据此，现象的复制必然在知觉、知觉信念和非知觉信念层面共享许多意向内容。通常而言，现象意识状态与现象意向性的产生主要依赖于"信念网"。霍根和梯恩森详细阐述了在个人和群体中知觉经验的内容如何产生知觉信念。意向性的现象学的核心观点是，知觉信念和可感知内容的其他态度具有相关的现象特征。一旦我们具有相关知觉内容的知觉经验，接受和拒绝其中的知觉内容就足以产生许多感知信念。除此之外，非知觉思维的现象学以及广泛的知觉信念和知觉经验的集合，固定了大量的非知觉信念和其他非知觉的命题态度。如果所有的信念和欲望都有独特的现象特征，现象的复制将分享这些现象特征。通过现象学的意向性，这些现象特征必须确定内容，也决定了所表征的信念和欲望的内容。

总之，霍根和梯恩森所建立的是一种弱现象意向性理论。他们认为许多意向状态是现象的意向状态，但一些意向状态既不是现象的意向状态，也不入场于现象意向性[①]。然而，当出现许多非现象的意向状态入场于现实的意向性时，能够在一定程度上支持现象意向性。

第二，内在论角度。从心理内容的内在论出发论证现象意向性理论，主体的心理状态的表征完全取决于主体的内在属性。对此，劳尔从内在论出发，对现象意向性理论进行了论证。首先，现象意向性理论的成立需要满足两个要求：一是内在论决定了现象意向性理论应该是一种非指称理论，意向性不是指称外部实体的条件[②]；二是现象意向性也应该适用于关于指称和真值条件的外在论[③]。其次，劳尔认为非现象的内在论不能满足以上列出的两个要求。在此，他排除了两种观点：一是将大脑状态与意向性关系视为因果关系的短臂功能主义；二是将短臂功能主义与指称的描述理论视为关于其原始表征的联合。在此基础上，劳尔认为现象意向性理论可以满足两个要求：一是现象属性具有指向性，是内在意向的，因为指向

---

① D. Bourget, M. Angela, "Tracking Representationliam," in A. Bailey (ed.), *Philosophy of Mind: The Key Thinkers* (London: Bloomsbury Academic, 2014), pp. 209 – 235.

② H. Putnam, "The Meaning of Meaning," *Minnesota Studies in the Philosophy of Science* 7 (1975): 131 – 193.

③ T. Burge, "Individualism and the Mental," *Midwest Studies in Philosophy* 4 (1979): 73 – 121.

与指称不同，结果是非指称的心理内容，这满足了第一个要求；二是现象属性本身不能确保指称或真值条件，相反，指称和真值条件是由外部关系确定的，这满足了第二个要求。如果指称的外部决定关系取决于主体的非指称的内在内容，那么人脑与物理复制的"缸中之脑"的现象意向性是完全匹配的；如果人脑的信念的窄真值条件得到满足，而与"缸中之脑"匹配的信念没有满足，那么"缸中之脑"的信念系统就是非真实的①。

在此，通过"缸中之脑"，劳尔以及霍根、梯恩森等为内在论进行了辩护②。"缸中之脑"是"具身之脑"的精确物理复制品，放置在充满维持生命的液体的缸中，连接到计算机，该计算机向其传递与"具身之脑"相同种类的刺激。直观来看，"缸中之脑"与"具身之脑"的心理生活相"匹配"，具有匹配的感知经验、感知判断和信念。然而，主体人的信念可能是真实的，而"缸中之脑"的信念和许多其他的心理状态是虚假的或非真实的。这样一来，现象意向性适用于窄内容，而由外部确定的指称、真值条件、宽内容是一种外在论视角，因此，所有意向性理论所需要的是内在论的现象意向性。

第三，"表征方面"。在现象意向性理论的早期论证中，塞尔提出了基于意向状态的"表征方面"的论证③。塞尔注意到，所有的意向状态都有一个表征方面，主要涉及事物如何进行表征的问题。例如，表征月球与表征水、表征超人与表征爱因斯坦是不同的，区别不在于表征何种对象，而在于如何表征它们。这是构成它们在表征方面的差异的关键之处。塞尔认为，内在或外在的无意识的物理事实或功能事实无法决定表征方面，而唯一可以确定表征方面的是意识，无意识状态只有与意识状态相连接，才可能具有表征方面。也就是说，表征是一种有意识行为。无意识的意向状态具有意识状态的倾向，即一种连接原则：所有意向状态都有表征方面，只

---

① B. Loar, "Subjective Intentionality," *Philosophical Topics* 15 (1987): 89 – 124.

② T. Horgan, J. Tienson, G. Graham, "Phenomenal Intentionality and the Brain in a Vat," in R. Schantz (ed.), *The Externalist Challenge* (Berlin: Walter De Gruyter. 2004), pp. 297 – 318.

③ J. Searle, "Consiousness, Unconsciousness and Intentionality," *Philosophical Issues* 1 (1991): 45 – 66.

有有意识的或有意识状态的倾向才具有表征方面。继而推出，所有意向状态要么是有意识的，要么是具有意识状态倾向的。因此，所有的意向状态是现象意向状态，或具有现象意向状态倾向，这就支持了现象意向性的观点。当然，作为意向性形式的现象意向性以现象特征为基础，这在一定程度上反驳了功能主义和表征主义。

第四章　认知现象学的可能路径

在当代心灵哲学中，围绕着有意识思维是否具有现象特征所形成的"认知现象学"争议，至今并未达成相对确定性的、包容性的共识。这一问题的挑战在于，它不仅直指意识的难问题，还深追至其中的认知层面。认知现象学的形成和发展很大程度上应归功于心灵哲学对现象意识的研究和关注，并逐渐在心灵哲学的分析哲学传统和现象学传统的融合趋向中占有一席之地。认知现象学所聚焦的现象特征问题，极大地依赖第一人称的透视。这既与现象学的方法不谋而合又与第三人称的分析哲学方法大相径庭。在此，需要注意的是，无论是"现象学的"方法还是"分析的"方法，都不是单一的。各自的哲学传统内部仍存在诸多差异，因此主要以"家族相似性"的特征作为依凭。面对认知现象学，以下尝试从意向性、内省、具身性三个方面联合现象学与分析哲学、第一人称和第三人称的方法，探索其在认知现象学中的可能路径，从而扩展认知现象学的讨论视域。

第一节　基于传统现象学的认知现象学

在胡塞尔的现象学传统中，现象学的任务是考察经验的本质结构。现象学所能描述的各式各样的对象，包括了通常所说的判断、想象、愿望、希望、考虑等认知活动。然而传统的心灵哲学在肯定普遍存在的知觉现象之外，否定了有意识思维中独特的现象学。关于"认知现象学"的激烈争论恰恰提出了这个问题，主要探讨独特的思维现象学的可能性。根据胡塞尔对现象学的界定，"现象学：它标志着一门科学，一种诸科学学科之间的关系；但现象学同时并且首先标志着一种方法和思维态度：特殊的哲学思维态度和特殊的哲学方法"①。西方哲学思潮中"现象学运动""现象学的效应"首先并且主要是通过"作为方法的现象学"得以传播的，它是使"现象学运动"得以可能的第一前提。意向性作为心灵哲学中的核心概念之一，能否为解决认知现象学的核心问题提供新的视角？内省作为探索意识和经验的方式，在现象学中身居何处？对此，尝试引入传统现象学的意识理论和方法，重新思考认知的现象方面与意向方面，以加强其与心灵哲学的对话。

一　扩展对意向性的理解

虽然现象学和心灵哲学传统中广泛运用意向性一词，但意向性一词在现象学和心灵哲学传统中的意义不同。传统现象学认为，意向性是意识的核心结构。与之相反，在主流的心灵哲学中，意向性是独立于意识的，源自大脑内部状态和外部世界状态之间的某种自然关系。意向性并不预设为有意识经验的独特属性，而大脑状态与环境状态是一种关于的、指向的自然关系。随着对现象意向性的讨论日渐增多，意识与意向性的孤立关系遭到质疑。从现象学的观点来看，意向特征和现象特征是一种协同关系，有意识经验既具有意向特征，又存在独特的现象特征。在这一点上，认知的现象学与知觉的现象学没有根本的区别。这并不意味着认知和知觉是不可区分的，只是表明意向特征与现象特征紧密关联。现象学传统中没有统一的意向性概念，通常用来指有意识经验的指向性或关于性。胡塞尔借用了布伦塔诺的意向性概念，讨论了意向性关系的不同层次和层面，预设不同的方法论前提和目标；梅洛－庞蒂进一步发展了胡塞尔的方法，形成了身体意向性概念，这对后来的具身认知科学和生成主义尤为重要。在此，借助胡塞尔式的意向性阐释其与分析哲学的意向性概念的区别。

意向性是知觉的基本结构。在对颜色进行描述时，知觉对象往往呈现为某一种颜色，但知觉主体视野中呈现出该色的不同饱和度。因而，对同一颜色的视觉处理可能涉及两种基本方式，即主体将其视为饱和度不同的颜色或视为饱和度相同的颜色。胡塞尔强调，"客观地看成一个红色的球

---

① 倪梁康：《现象学及其效应——胡塞尔与当代德国哲学》，商务印书馆，2014，第33页。

与主观色彩感觉之间存在不容置疑的、不可避免的投射差别，与之相对应的各种客观特征和感觉综合体的差别"①。这两种方式的相同之处在于，二者共同指向同一种颜色范畴，这就引导主体生成统一的、单一的颜色，生成"意向性"的关联。在此，意识超越了纯粹知觉的颜色表象而指向对象，而表象之上的对象就是意识的内容，胡塞尔将之称为"统觉"。统觉是一种特殊的行为类型，而意向性是一种普遍的行为类型。通常来说，主体倾向于注意的是表象之上与意向对象关联的意向结构，而意识使得意向对象以统觉的方式出现。胡塞尔就此指出，纯粹的表象是"内在的"，而意向对象则是"超越的"②。意向对象超越了表象和当下的直觉。在此，意向性的超越性对理解有意识思维的概念的作用可以通过前述谓经验和前述谓判断的关系来说明。

假设主体依据外形判断面前有一座房子，为了证实这一判断环顾一周，并发现那只是一个正方体。在此，主体的统觉虽然具有超越性，但可能是错误的，所超越的部分并不属于知觉对象。这是由于表象自身的模糊不清，使得统觉在瞬时透视时附加了主观的判断。虽然统觉会出错，但这与有意识的判断还是极为不同的。在日常生活中，我们通常不注意内在表象，而是直接依据知觉信息做出判断，往往忽视了知觉产生的方式和原因。当将一个正方体错误视作一座房子时，这种自动经验可以被称为"前述谓经验"。前述谓经验所描述的是，通常在思考某一特定对象或做出判断之前，就将其主观对应为特定对象，使得这一结构固定地知觉到有意义的对象。但是这一意义是如何与判断所表达的意义相联系的？在多大程度上已经被概念能力所塑造？这就是在认知现象学的争论中，经验的前述谓经验维度所具有的特殊之处。西维特认为，知觉是"概念活动的渗透"③，知觉中所包含的意义预设了其认知本质。斯特劳森解释了这种"将……视作……"结构的关系："我们的日常体验本质上包含认知经验的内容，无论我们是

---

① E. Husserl, *Logical Investigations*, trans. by D. Moran (London: Routledge, 2001), p. 84.

② E. Husserl, *Ideas Pertaining to a Pure Phenomenology and to a Phenomenological Philosophy*, trans. by F. Kersten (The Hague: Nighoff, 1983), p. 78.

③ C. Siewert, "Phenomenal Thought," in T. Bayne and M. Montague (eds.), *Cognitive Phenomenology* (New York: Oxford University Press, 2011), pp. 243 – 247.

观鸟、烹饪还是爬山。认知经验的内容构成了我们看到马、椅子等的内容，同样也构成了把它们误看成石头、灌木等内容，包含了某种本质上超出知觉内容的部分。"① 因此，为了确定这一知觉意义是否具有认知本质及其自身的经验程度，可以从前述谓词加以分析。此外，知觉意义与谓词中所使用的概念之间的关联，也可能与自主的谓词判断的结构有关。例如，当主体把 A 看作 B，并想引起别人注意时，可能会表达为 A 是 B，统觉的"作为"变成了谓词的"是"。因此，对前述谓词的分析有助于深入理解有意识思维的现象意识。

在知觉的意向性中，主体能够将知觉到的颜色与统觉到的颜色进行对比。认知经验是否具有一种内在的现象特征，能否将其统觉为一种特定的思想？从直觉上看，我们可以觉知到颜色、气味、声音、触觉、味觉、痛苦、快乐等所具有的现象特征，但无法觉知到认知的现象特征。知觉与环境有因果关系，受到环境的物理特征和主体的心理物理条件的限制，而认知的范围实际上是无限的。对于认知来说，我们可以从时间、内省与思维的关系分析认知经验的现象特征。泰伊和赖特将意识流的时间性视作标准，认为思维"不会随时间展开"，因而"根本不是构成意识流的正确事物"②。在泰伊和赖特看来，现象特征是意识流的组成部分，其构成要素随时间而展开，而认知则无法满足这一前提条件。

根据胡塞尔对意识流的理解，思维和时间性之间的关系应当注意的是，知觉作为静态对象时，主体内在显现的变化并不意味着知觉对象的改变。也就是说，知觉对象具有相应的内在表象，能够激发出主体自身所具有的统觉功能。但问题在于，思维本身并不具有固定的外部对象。在胡塞尔看来，清晰的直觉思维是以知觉为基础的，因此，"没有任何知觉基础的理性洞见是一派胡言"③。这意味着思维本身并不是内在的，但为了直观地呈现仍需要一些知觉基础。在这种观点之下，根据一个清晰思维来改变

---

① G. Strawson, "Cognitive Phenomenology: Real Life," in T. Bayne and M. Montague (eds.), *Cognitive Phenomenology* (New York: Oxford University Press, 2011), p. 294.

② M. Tye and B. Wright, "Is There a Phenomenology of Thought," in T. Bayne and M. Montague (eds.), *Cognitive Phenomenology* (New York: Oxford University Press, 2011), p. 342.

③ E. Husserl, *Logical Investigations*, trans. by D. Moran (London: Routledge, 2001), p. 36.

相应的感觉元素不仅是可能的，而且是在变化中保持思维的直观清晰度的主要方法。思维在结构上支配着所有这些内在的变化，与时间性之间是一种特殊的关系。对此，胡塞尔可能同意泰伊和赖特关于思维的时间性的观点，但不赞成对意识流的片面解释。泰伊和赖特否认了有意识思维的现象特征，但又肯定我们能够内省到有意识思维，并且认为这种"内省到思维是直接的"①。内省的直接性指明了主体不必先统觉到思维内容，而后才能内省到思维本身。在知觉中，我们通过内在的显现判断对象。因此，所意向的对象并不是直接给出的，而是在某种意义上由它们内在的相关性来调节、由内在相关性驱动的。

在较为狭窄和传统意义上，意向性是意识经验的特征，意识通过意向性与对象相联系。确切地说，意识与何种客体相关，取决于主体所拥有的意向特征。但是，当客体以意义为通道呈现给主体时，意识经验就具有了基本的现象特征。当主体在知觉、判断、想象或思考时，经验的对象总是以特定的背景和意义的方式出现在意识之中，现象学的"本体"就是意向对象的显现结构，这为整个认知现象学争论提供了启发。循着这个问题，认知现象学中对有意识思维的意向性结构的分析，争论的焦点在于思维是经验的、现象的。因此，意向性的概念、知觉与思维意向的结构性比较，有助于打开认知现象学的讨论视域。

二　扩展对内省的理解

除了意向性之外，我们需要重新解读"内省"概念，为分析哲学传统与现象学传统广泛合作奠定基础。在对经验现象的分析中，关于内省有着极为不同的观点。"内省确实为我们提供了一种与一些有意识经验的观察联系。"② 基于这种界定，内省可能是一种通过观察来研究意识的方法。相反的看法认为，"内省有着糟糕的记录"③。对待内省的这种矛盾态度，源

① M. Tye and B. Wright, "Is There a Phenomenology of Thought," in T. Bayne and M. Montague (eds.), *Cognitive Phenomenology* (New York: Oxford University Press, 2011), p.341.

② U. Kriegel, "A Hesitant Defense of Introspection," *Philosophical Studies* 165 (2013): 1166.

③ M. Spener, "Disagreement about Cognitive Phenomenology," in T. Bayne and M. Montague (eds.), *Cognitive Phenomenology* (Oxford: Oxford University Press, 2011), p.280.

自对内省概念的理解。从狭义上讲，传统现象学家认为，"内省"是指个体意识所特有的经验，而意识的结构层面是无法经由内省抵达的。在此，现象学所考察的意识结构并不依赖于对主体对意识流的反省式"向内窥视"，而直指意向性的有意识经验的逻辑本质。因此，胡塞尔认为，为了专注于事物的呈现方式，有必要把经验世界、实在世界放入括号，即把对经验世界的悬搁或存而不论看作研究意识的方法的先决条件。这等于暂时排除了经验现实的偶然性和奇特性，从而为一般的、普遍的意识结构留有充足的空间。因此，现象学的描述和内省是相互排斥的。

在认知现象学中，内省获得了更为广泛的内涵。内省成为获取有意识思维的主要途径，正反双方的争论在很大程度上都是基于广泛意义上的内省。在这一意义上，内省是主体在特定时间所意识到的内容，这就同时包括可概括的现象和不可概括的现象。因此，在狭义和广义之间建立联系的第一步是，要注意到现象学研究是在更广泛的内省中进行的。这一点尤其明显地体现在，现象学的目标不是对意识的一般方面进行认知上的推测，而是使它们的直观变得更为显而易见。这是以某种与普遍现象的"观察性"接触为前提的。即使现象学上的"窥视"不是针对意识的个别方面，仍然指向意识结构。因此，现象学意义上的内涵也可以理解为另一种层面的更广义的内省。将现象学作为区分可归纳因素和不可归纳因素的工具，这就是使得内省成为可靠方法的第一步。然而，内省还存在难以言说的缺陷，主体缺乏足够的术语来表达内省到的经验状态。就意识作为一个整体而言，存在大量可归纳的和不可归纳的现象，而内省所觉察到的可能只是其中的冰山一角。正如对知觉内省中，虽然意识结构中有内在色彩和统觉色彩的差别，但主体在具体区分时仍有一定困难。这意味着在给定的内省片段中，主体通常只能获取特定的信息。

在此，现象学的价值在于唤起我们重视可能被忽视的意识层面，推动对意识的实际状态的探索。在一般情况下，内省既不能对直觉上无法获知的超个人层次处理作出推论，也不能借助思维实验对可能的意识类型进行推测。内省论证本身只是借助思想实验而获得逻辑上的有效性，因此其范围是有限的，并且可能会在内省报告中产生极大差异。即便如此，主体所能内省到的范围不仅远未得到充分了解，反而常常被忽视。为了更为可靠地处理内省，需要满足两个方面：一方面，主体能够区分内省时可归纳的现象和不可归纳的现象；另一方面，重视影响内省变化的范围及其因素。基于这两个方面的考量，我们可以进一步展开追问，即如何注意到特定的第一人称经验的特征，是什么因素在起作用？

值得注意的是，认知现象学争论中很少提及这两个问题。例如，贝恩和蒙塔古指出，"人们普遍认为，主体可以仅仅由于处于那种心理状态，就能意识到给定状态的现象特征"①。这反映了在认知现象学讨论中对无意识状态没有现象特征的默认，同时，对于如何解释由内省觉知所引导但又被排除的有意识状态，采取了回避的态度，转向求助于内省解释相关的感受为何。霍根和梯恩森声称，有意识思维具有"经验的现象层面，这些层面是你只要集中注意力就不会错过的"②。这种对内省的非推理呈现对认知现象学的争论并没有积极帮助，反而使得内省论证在总体上变得不可靠。同时，不乏对内省揭示的关于有意识思维的现象特征的质疑之声。斯宾纳总结道，"在某些情况下，完全停止内省判断似乎是一种认识论上负责任的做法"③。由于考虑到内省变化范围的方式和原因，又有走向完全拒斥内省的极端倾向。因而，可以从两个认识上理解内省：一是认识到内省意识范围的有限性和变化性；二是认识到影响内省因素的多样性，可能与主体及其认知能力与习惯、环境等各种因素有关。例如，经验的现象特征与主体对特定对象的概念知识和熟悉程度相关。在品尝葡萄酒时，品酒师比外行拥有更丰富、更细致的嗅觉体验。前者是通过感官训练和学习来获得葡萄酒方面的技能和专业知识，而长期的专业化过程中所学的知识会下意识地发挥作用，并形成一个整体的经验。

鉴于内省的范围有限且多变等多种情况，随之出现了内省和非内省的有意识状态、注意力与内省的关系、语言与内省的报告能力等相关讨论。

①　T. Bayne, M. Montague, "Cognitive Phenomenology: An Introduction," in T. Bayne and M. Montague (eds.), *Cognitive Phenomenology* (New York: Oxford University Press, 2011), p. 4.

②　T. Horgan, J. Tienson, "The Intentionality of Phenomenology and the Phenomenology of Intentionality," in D. Chalmers (ed.), *The Philosophy of Mind: Classical and Contemporary Readings* (Oxford: Oxford University Press, 2002), p. 523.

③　M. Spener, "Disagreement about Cognitive Phenomenology," in T. Bayne and M. Montague (eds.), *Cognitive Phenomenology* (Oxford: Oxford University Press, 2011), p. 282.

这些讨论对内省提出的挑战，促进其作为一种更可靠的工具应用于探索主体间意识的一般特征具有重要作用。然而，塑造经验的隐含元素与现象学的目标不谋而合，即意识到的预设与经验的相互作用。因此，现象学作为一种方法，也有助于理解如何以及为何在特定的内省过程中显现现象特征。

三 现象学的方法：第一人称审视

通常认为，现象学通常与内省心理学相关，而对内省的拒斥恰恰是心灵分析哲学的开端，这造成了现象学与心灵哲学的走向不同。这种误读是将内省视为现象学研究心灵的方法，从而掩盖了现象学对心灵哲学的意义。当代心灵哲学产生于对内省心理学的拒斥，倡导利用自然科学的方法研究心灵，形成了与自然科学相一致的唯物主义本体论。在 19 世纪后期的行为主义、经验主义、实证主义对内省主义展开批判之前，布伦塔诺将心理学推上了一条新的道路。

布伦塔诺反对以从内部观察心理现象的方法研究心灵、以从外部观察物理现象的方法研究心灵，主张在保留两个研究域的前提下，区分心灵的哲学研究方法和经验心理学的研究方法，分别称之为发生心理学与描述心理学。发生心理学基于实验和统计学方法探索规律和因果解释，是对心理现象的经验研究；描述心理学不涉及因果律和具体的心理片段，意在详述和划分心理现象的基本类型、确定基本特征和本质关联。例如，描述心理学不是以知觉为研究对象，而是追问何为知觉、何为判断、二者有何独特联系。这就需要首先澄清不同类型的心理状态及其关系，因此，布伦塔诺认为描述心理学优先于发生心理学，而对心理功能的基本类型与本质关系的分析构成了研究心灵的独特方法。

胡塞尔发展了布伦塔诺的描述心理学，强调现象学不包含心理状态的内省记录、不依赖于内在观察，而是研究经验及其关系的一般本质。类似的，他指出现象学分析和描述的是知觉、判断、想象等经验的"意向本质"，因而优先于经验心理学。虽然现象学不同于经验心理学和认知科学，但也并不否认后者对心灵的理解以及意识与环境的关系。我们的意识经验依赖于脑、环境，知觉和行为也与经验身体密切相关。布伦塔诺—胡塞尔的现象学着重研究的是各种类型的经验的本质。通过不同类型的经验理解经验类型的本质，现象学的目标是研究不同经验类型之间的共同关系、一致形式，这也使得对心理状态类型的概念研究呈现出分析哲学的特征。

事实上，胡塞尔考察各种心理状态概念的本质及其关系的理念极大地影响了赖尔概念分析的哲学方法，后者也借心灵的概念在逻辑上分解了传统问题。与胡塞尔直观分析生活经验的本质不同，赖尔发展了布伦塔诺—胡塞尔的观点，利用日常语言分析心灵的概念，并将心灵哲学的研究范围扩展至分析心理功能的基本类型、意向性、逻辑状态、逻辑结构及其相互关系。他认为研究心灵的哲学方法不同于内省和自然科学的研究方法，并将布伦塔诺—胡塞尔转变成为研究心灵的独特路径，从而触发了两种哲学传统的联结。

当代心灵哲学对现象特征的关注引发人们对传统现象学的重视及两方面的误解：一方面，布伦塔诺、胡塞尔等的现象学理论以经验为研究对象，而非感受质或经验自身的某一方面；另一方面，传统的现象学并未专门研究或主要涉及质性感觉的经验特征。作为意识现象的逻辑，现象学探寻的是不同类型的经验之间的关系。从广义上看，胡塞尔所说的逻辑不仅仅是指本质关系，也蕴含以逻辑形式或句法为基础的语言学表达，也指基于意义的本质概念关系。因此，现象学是聚焦于有意义经验的意向形式或逻辑形式。正是由于胡塞尔的"纯逻辑""纯科学"的宗旨，现象学成为一门以命题、命题的逻辑形式和逻辑关系、对象和事态的语义表征为研究对象的学科。由此，胡塞尔将逻辑的观念作为意识的科学本质的现象学概念，用于研究意向性、意义在表征意识对象方面的作用，用于知识的现象学研究。因此，在胡塞尔看来，意向性的现象学理论是一个概括的逻辑理论，分析的是作为知觉、判断、想象等意向内容的意义；现象学研究的是意向内容的形式、关系以及如何表征个体、事态和外部世界。当代心灵哲学所关涉的信念、知觉、欲望等的真值条件和充分条件，符合胡塞尔最初的现象学概念。在布伦塔诺复兴了心灵的意向性这一概念之后，胡塞尔将意向性的概念"发扬光大"，创造性地结合了心理学理论和逻辑理论，形成了以主体—行为—内容—对象为结构的意向性模型。每个经验或意识行为都具有主体、内容或意义及其所指向的对象，主体所经验的行为经由内容指向对象。内容是符合逻辑或语义规则的，在表征对象的意义的基础上描述了意义之间的相关性和意义表征对象的方式。

可以说，现象学的目的不是记录心理状态的"感觉"，而从第一人称角度剖析意识经验的基本类型和结构，分析经验类型的逻辑关系与概念关系，侧重的是经验的意向结构和表征结构。据此，现象学的方法不是内省式地向内凝视意识流，而是进行胡塞尔所说的"现象还原"，关注点从整个经验世界、自然世界、心理学经验转向基于各种意识经验本质及其意向性的心灵研究。因此，我们可将现象还原进一步分为两个阶段：第一阶段是"还原"，这使得我们从日常世界指向的、世界表征的经验转向对经验特征的哲学描述，从方法论上排除了经验的观察特征；第二阶段是概括或抽象，这使得我们从真实的、个体的意识经验转向经验的基本类型及其本质。要想完成这一过程，就涉及了不含预设的"悬搁"原则。

第一阶段中要悬搁的是自然立场的理论，即将所预设的世界、自然对象、其他主体甚至数字的存在加入括号内。悬搁后，主体保留了经验中所表征的世界，经验就作为一种表征世界的方式。在这一阶段，现象还原是从世界表征经验的语义形式追溯到谈论或思考这些经验的表征内容的语义形式。心理状态内容的知识依赖于一阶世界指向的经验，同时联合了基于世界表征的概念转化。第二阶段中对当下经验的悬搁，是从具体经验中抽象出经验的本质。由于多数经验在本质上具有意向性，我们转向对经验的意向性结构的分析，转向研究经验中的内容、意义以及与其他意义的本质关联。经验的本质与意义无关于当前发生的经验，这就避免了对具体心理片段经验的依赖，直指各种类型的经验的本质及其意义内容的关联。因此，胡塞尔以这种方式实现了现象学作为对纯粹经验本质的描述理论。

综上所述，研究心灵的现象学与当代的心灵分析哲学互相交织，现象学的方法、概念也与经验科学相互呼应。现象学有助于克服当代心灵哲学的一些缺陷，提供非内省主义的、行为主义的思路，并在一定程度上补充了经验科学的研究成果。更重要的是，现象学丰富了心灵的研究，衍生出对意识、知觉、意向性、时间意识、行为等更为详细的、具体的分析。

第二节　基于具身认知的认知现象学

具身认知以梅洛－庞蒂的身体现象学为基础，以身体和认知的关系为线索，重建认知中身体的作用。受笛卡尔主义影响的认知主义，建构了身体与认知的分离观；而梅洛－庞蒂在批判笛卡尔无身认知的基础上，强调身体在认知中不可忽略的作用，从而推动了第三代认知科学中的具身认知理论。受此启发，认知现象学从现象方面挖掘基于现象身体的具身认知，推进其不可还原解释。

一　从无身认知到具身认知

在人工智能极速发展的过程中，哲学家们从未停止对认知本质的思考。计算主义以经典的人工智能为代表，通过符号操作实现基本的推理和认知，强调精确的、符号的表征在人类思维中所起的重要作用。联结主义以神经网络模拟大脑活动的程序为主导，认为模糊的、前符号的分布式表征是人类认知的关键。二者所强调的是对抽象符号进行形式操作，认知的本质是一种计算。例如，早期人工智能的任务之一是开发能够击败人类玩家的国际象棋程序。其中主要原因是，下棋这一智力活动代表了人类认知的本质。IBM 的深蓝击败了国际象棋大师卡斯帕罗夫。与卡斯帕罗夫完全不同的是，深蓝所做的只是对符号的计算或操作，每一步都是精确计算的结果。二者的对决实际上是深蓝的计算能力和卡斯帕罗夫的直觉之间的对决。

虽然第一代认知科学的计算主义纲领功勋卓著，但由于忽视了有机体的身体、身体与环境的关系而饱受批评，进而引发了对计算化认知和心身二元关系的反思。认知科学哲学家通过寻找认知科学与现象学合作的可能性，复兴胡塞尔、海德格尔和梅洛－庞蒂等人的现象学思想，强调其在当代心灵哲学研究中的价值，这是具身认知得以发生的理论动机。具体来说，笛卡尔继承发展了用数学符号书写而成的世界，认为意识世界与物质世界相互独立，将身体视为纯粹的机器，认为身体与心灵活动没有本质关联，这构成了计算主义的理论基础。计算主义将大脑内部的认知过程视为计算规则下的符号操作。符号作为世界的心灵表征，我们可以通过定义明确的规则和数学公式予以加工处理。这就假定了外部世界的物体被明确的表征所控制，数学、符号结构、计算结构作为精确表征，实则延续了笛卡尔的无身认知。在这一思想的指导之下，人工智能已卓有成效，其所处理的是一个由明确的规则所控制的世界。对于笛卡尔来说，心灵与身体的统一是一个难题。的确，身心问题对意识哲学构成了极大的挑战。

对此，梅洛－庞蒂拒斥纯粹机器式的身体概念。在胡塞尔的影响下，他发展了动觉理论和生成现象学理论，并将身体提升为哲学主题。感知、行动、意图、语言和思想是身体的表达，身体同时具有了认知功能。因此与笛卡尔将身体视作机器不同，他消除了身体和心灵之间的分界线，从而预示着新的身体概念的出现①。据此，与"语言转向"相对，认知科学哲学研究中出现了"身体转向"。这种身体观也影响了德雷福斯、莱考夫和约翰逊等分析哲学家，他们从梅洛－庞蒂的现象学理论出发，强调身体在人类认知中的作用。此前，现象学对人工智能的批评从未受到关注。"身体的认知现象学"通过寻找认知科学与现象学合作的可能性，讨论两者之间历史的互动，直面如何从知觉和身体角度进行精确表征、意识、思维以及认知作用的问题。

随着对身体的重视，认知科学在20世纪末提出了新的理念：身体对创建人工智能是必不可少的。以身体为基础，并与外部环境交互作用，是人类智能的关键要素，由此促发对认知科学中智能与身体之间关系的关注。只有置于身体中的智能才可能像人一样与外部环境交互作用，从而产生类人智能的智能机。于是，人工智能进一步加强了同身体的连接，尝试开发人形机器人、足球机器人等。这些人工制品被称为智能体，形成了独特的身体和具身智能。对于具身智能来说，该系统必须有与人类基本同构的身体，使得世界不仅仅是思考的对象，它还可以在其中到处移动、观察和触摸事物。可以看出，具身认知昭示的反笛卡主义的宣言，深刻地改变着认知科学的主题和理论框架。

---

① 〔法〕梅洛－庞蒂：《知觉现象学》，姜志辉译，商务印书馆，2001，第106～265页。

二　基于现象身体的具身认知

人类智能的进化过程是不断与身体相互作用的协作过程，并最终实现以最佳进化方式适应世界的过程。身体限制了我们从环境中获取信息的方式，这一限制本质上决定了人的本质。在人工智能中，要想识别特定系统中的类似人类智能的成分，需要与该系统进行交流，直观地理解它的感受和意图。因此，该系统必须有与人类基本同构的身体。

正如克拉克（A. Clark）所指出的，在认知科学中，有两种不同的方法来确立身体的重要性。"简单的具身认知"认为身体的特征及其与环境的相互作用，局限于内部组织和处理理论；"激进的具身认知"则更深入地对待这些事实，并深刻地改变了认知科学的主题和理论框架。克拉克写道："然而，简单与激进之间的区别不是绝对的，许多好的研究项目最终都包含了两者。"[1] 但是，大多数研究人员显然采取了激进的形式，批判了由精确的内在表征作为认知的主导部分所构成的内在组织和处理的观点。随着具身的重要性成为一种普遍共识，一些人提出认知科学中表征概念对解释认知一无是处。"激进的具身认知"指出，表征具有过滤的功能，接受表征意味着区别出了人对世界的认知与世界本身。笛卡尔的认识论否认了物体和表征之间的相似性，心灵与外部世界分离根植于笛卡尔传统的表征概念，这使得心灵在物质世界中逐渐失去了立足之地。

人的认知并不是按照感知—思考—行为的顺序循环的过程，而是主体与客体不断协调的动态耦合。以直觉来看，耦合越直接，表征的空间就越小。简单来说，人类认知是多层次的，而动物认知与当前环境密切相关，是相对单层的。人类特有的认知能力主要表现在掌握诸如使用复杂的工具、语言以及发展文化等技能方面。这一事实表明，人类认知并不能完全用动态耦合加以解释。梅洛－庞蒂的具身现象学缩小了精确表征和意识，试图将胡塞尔的超验主体性归结于身体。然而，人类的全部认知不能用特定于身体的构成认知功能来解释。哲学和认知科学在具身转向之后面临着一个类似的问题：如何从知觉和身体的表征到精确地表征意识和思维，它

---

① A. Clark，"An Embodied Cognitive Science?" *Trends in Cognitive Science* 9（1999）：348.

们如何在人类认知中进行合作。即使人类的认知被认为是一种具有意向性的身体与世界的动态耦合，那人类如何处理更高的认知水平的任务仍然是有待解释的问题。

强调身体的作用一方面意味着表征概念的贬值，另一方面改变了对身体本身的传统理解。现象学和第三代认知科学都敏锐地意识到了这一点。梅洛－庞蒂写道，身体有"表征意向性之下的深层意向性"，与笛卡尔将身体视作机器不同，梅洛－庞蒂认为身体有一种赋予世界意义的能力①。身体和认知之间的紧密联系、联结涉及生物的、心理的、社会的背景。这就涉及语言在认知中的作用，语言符号的主体间性能够将表征投射到知觉的情境中。知觉通常是短暂的、私密的，而语言表达则是可重复的、可传达的。因而，身体与语言的关联是具身认知的基础准备。在进化心理学和社会学中，人类生命具有生物和文化的传承，并以语言为代表。而发展心理学家则用"联合注意"，解释身体与认知的关系②。联合注意是一种原始的认知行为，潜意识地控制着身体的意向性。不同身体有相同的结构和意向性，构成了知觉、语言、情感和舞蹈等艺术行为的表达空间。身体的认知现象学使人们认识到身体不仅涉及知觉的维度，也是认知的主体，并且处于与社会互动的动态关系之中。

除此之外，在梅洛－庞蒂的理论框架下，存在直接给予的现象与现象之外的世界，对应于"现象的身体"与"客观的身体"。前者是"知觉的主体"，是经由意向性的"一种特定的'自我设定'"表达，本质上是由自身经历和经验所决定，因而身体是现象的、意向的；相比之下，客观的身体受物理规律支配，因此是医学和生理学的研究对象③。客观的身体不是现象的身体。显然，现象学的中心问题涉及的是现象的身体，而客观的身体不是身体的应有之义。二者并非相互对立、互相排斥，是身体的两种属性。换句话说，现象的身体暗示了客观的身体的一些方面，身体也被称

---

① 〔法〕梅洛－庞蒂：《知觉现象学》，姜志辉译，商务印书馆，2001，第 196~203 页。

② M. Tomassello, "The Key is Social Cognition," in D. Gentner and S. Goldin-Meadow (eds.), *Language in Mind* (Cambridge: The MIT Press, 2003), pp. 47–57.

③ S. Nagatake, S. Hirose, "Phenomenology and the Third Generation of Cognitive Science: Towards a Cognitive Phenomenology of the Body," *Human Studies* 30 (2007): 227.

为"自然自我"。传统意义上，自我是一种笛卡尔式的纯意识，对自身来说是透明的，伴有明确的表征。身体居于纯事物和纯粹意识之间，既具有自然事物的属性，也具有指向世界、赋予意义的意向—先验功能。然而，它与纯粹意识的意向性不同，主体的意向性是无身表征，因此是隐性的和不明确的。前者是被称为"我能"的感觉能力，而不是笛卡尔"我认为"的能力。例如，手握咖啡杯、步行，这不依赖明确的表征。风琴手离开了键盘的明确表征，就无法弹奏曲调、即兴和弦演奏。在开始学习演奏风琴时，需要明确每一个键的作用。但一旦习得弹奏技能，它就会以隐性的方式融入音乐家的身体中。从这个意义上说，身体是赋予世界意义的灵活载体。

第三节　基于方法论整合的认知现象学

认知现象学是由心灵哲学家所讨论的现象学变体，并逐渐与认知科学相结合。基于严格的科学方法，认知现象学以情境中的人为分析单元，并强调人处在主观生活世界，而不仅仅处在客观给定的物质环境之中。目前，填补经验和相关的心理或认知事件的描述之间的鸿沟构成了认知科学的难题之一。基于认知科学方法本身的局限性，"现象学家在呼唤着对体验现象和第一人称被给予性或可通达性之间本质关联的关注，强调在澄清现象意识时思考第一人称视角的重要性"[①]。认知现象学尝试结合现象学与认知科学，在方法论整合的基础上走向对生活世界的分析。

一　克服第一人称与第三人称的对立

第一人称方法以经验现象的科学过程与主体自身相关性为原则，侧重于涉及经验的主观方面。认知现象学中的第一人称方法尝试解释主体如何以及为何具有经验；第三人称方法则在明确区分了主体和对象之后，弱化主体实际中如何感知、有何感受，仅仅得出平均化了的普遍反应模式。这

[①] 〔丹〕丹·扎哈维：《主体性和自身性：对第一人称视角的探究》，蔡文菁译，上海译文出版社，2008，第15页。

种无视源于缺乏正确的方法论指引，使得难以生成主体间知识。第三人称的定量与第一人称的定性之间的不相容曾一度引发了"科学战争"①。基于社会学、社会心理学和语言学中对定性方法的发展和使用，在此认为定量方法和定性方法是相容的，这对整合多种研究方法构建复杂现象的完整理解具有重要意义。

认知的第一人称视角是心理状态将其自身呈现给所归属的主体的独特方式。对人类认知的全面理解需要面对意识和主观性。就个人而言，如何思考、感知、行动、感觉等与自身经验紧密相关，心理事件不是出现在真空之中，而是仰赖于人的具体经验。对此，现象学扎根于对生活经验的详细描述、分析和解释。为理解现象学及其对认知现象学的意义，首先需要把握现象学的立场或态度中所坚持的方法论，以及将这种立场与科学实践进行结合。与科学方法类似，现象学方法的目的也是规避偏颇的主观解释。一些人把现象学误解为对经验的主观解释，混淆了经验的主观解释和主观经验的解释。一些人反对经验的客观解释，将主观经验转化为第三人称方法可检验的对象。可以看出，此处"主观的"与"客观的"引起了不少歧义。在科学研究中，客观性是指避免偏见，而实验控制的方法符合这一宗旨。除此之外，人们还可以有很多客观的方法。现象学在这一意义上也坚持客观的描述方法。

胡塞尔认为，"我所能运用的一切科学，如全部心理学、自然科学，都只能作为现象，而不能作为有效的、对我来说可作为开端运用的真理体系，不能作为前提，甚至不能作为假说"②。以知觉为例，当看到桌子上有一台电脑时，就产生了一个视觉感知。对此，实验心理学从视网膜的加工、视觉皮层和相关脑区的神经元的激活阐述视觉感知的工作机制，旨在建构一种功能主义的说明，解释工作机制和信息处理过程。而现象学家的工作则不同，他们从经验本身开始，仔细描述该经验，尝试说明知觉经验是什么样子，知觉经验与想象、回忆的不同之处，知觉如何构成以表达有

---

① S. Gould, "Deconstructing the 'Science Wars' by Reconstructing an Old Mold," *Science* 287 (2000): 253 – 261.

② 〔德〕胡塞尔：《现象学的观念》，倪梁康译，商务印书馆，2016，第8页。

意义的经验。当然，现象学与心理学具有关联性，它们所解释的对象是同一个经验，但二者所采取的方法、提出的问题、得出的解释，不尽相同。在一定意义上，现象学是从对主体的意义角度考察知觉。例如，我的知觉经验是看到桌子上有一台电脑，这并不包含大脑中对其的处理过程。类似的，认知科学采取第三人称的方法，即从外在观察者而非经验主体的角度，尝试从脑状态或功能机制的客观过程解释知觉，而非从经验本身出发。

认知科学对现象学的兴趣源自认识到通过第三人称的、计算式大脑无法彻底地解释意识，进而从客观的物理参数转向主观的经验描述[①]。对此，现象学方法重视特定主体和主观经验，将情景中的人视为不可还原的单元。这种趋势广泛地体现在认知科学、实验心理学、人类学、人工智能、视觉科学、机器人学、神经科学等多个学科中。单凭统计分析、内省过程分析不足以构成和支持复杂的认知理论，而经验的第一人称所提供的对结构的描述，更有助于认知科学的模型建构。人们始终在感知的世界中行动，而非处于客观的科学世界。一般而言，现象学研究往往等同于自然化方案或其他方案，指向科学意义上私人的、非直观的对象，但这并非现象学家、认知科学家的兴趣所在。从海德格尔、梅洛－庞蒂等现象学家的思想中可以看出，现象学意在追问日常经验的结构以及经验何以产生的问题。现象学方法预设了人类经验依照基本结构原则表达自身，而经验一定是个人的，但并非一定是私人的。胡塞尔用意识分析方法开辟了一个全新的视域，并以此为关于纯粹意识本身的现象学奠定了基石。根据胡塞尔的观点，质性是指那种使表象成为表象、使意愿成为意愿的东西。换言之，表象的质性一旦丧失，表象也就不再是表象。正如胡塞尔所说，主体将一个体验称为判断，那么必定有某种内在的规定性，而不是某种依附在外表上的标记，这是体验与愿望、希望以及其他种类的行为区别开来的依据。从这一点来看，质性就是一种内在规定性。就判断而言，在所有判断行为中都存在着一种共性，这种共性是它们共同具有的质性。与质性不同，质

---

① T. Bayne, "Closing the Gap? Some Questions for Neurophenomenology," *Phenomenology and the Cognitive Sciences* 3 (2004): 349 – 364.

料则用于区分不同的判断。它包含在行为之中，赋予行为与对象的联系，并且这种联系是一种得到完善规定的联系，质料不仅确实地规定了整个对象，还确实地规定了对象被意指的方式。

据此，我们可以进一步追问，在实验室里如何展开对心灵的研究？现象学的方法及其工作机制如何应用？在认知与意识的哲学的、科学的路径中，有第一人称和第三人称之分。科学的客观性需要以第三人称方法观察对象，从而更贴近事物。相比之下，即使我们能直接从经验中获取第一人称维度信息，其因具有主观性仍被质疑不够科学。丹尼特指出，"意识的第一人称科学是一个没有方法、没有数据、没有结果、没有前途、没有指望的学科。它将仍是一个幻想"[①]。那么，意识就成为一个真正的问题。意识是内在的第一人称，科学只接受第三人称数据，从第三人称角度解释第一人称维度，则可能导致意识解释的歪曲或难以真正解释意识。

然而，从意识的发端来看，在 19 世纪末到 20 世纪对意识的早期研究就是建立在内省之上。被詹姆斯誉为最有效、最重要的内省观察的方法，仅过了 50 年就被行为主义所取代了。行为主义批判内省的非科学性，强调对行为预测和控制的实验科学。但在 21 世纪初，一些心理学家和哲学家在经历了一番否定之否定后，重新意识到内省在实验科学中的角色，被试者对认知状态的口头报告是认知模型的根据。"内省观察不仅仅是我们个人生活的普遍特征。这一证据源影响认知科学家在每个阶段的工作。"[②] 一般而言，被试者的报告直接指向世界，间接指向他们的认知、心理、情绪、经验状态。例如，实验要求被试者在看到灯亮时按下按钮，在这一实验中，被试者直接报告了灯，间接报告了视觉经验。第一人称视角贯穿在依赖于主体报告的实验中，但这意味着所有的报告都是内省的吗？存在不经内省的报告吗？以胡塞尔为代表的传统现象学看来，我们在经验时具有隐性的、非对象化的、前反思的觉知，因而所意识到的经验内容无需内省。我看到灯的同时，也觉知到了我看到灯的意识行为。觉知不是基于反思地

---

① 〔美〕丹尼尔·丹尼特：《意识的解释》，苏德超、李涤非、陈虎平译，北京理工大学出版社，2008，第 55 页。

② A. Jack, A. Roepstorff, "Introspection and Cognitive Brain Mapping: From Stimulus-response to Script-report," *Trends in Cognitive Science* 6 (2015): 333.

或内省地将注意力转向经验，而是经验自身的核心部分，正是这一部分使得经验成为有意识的。一阶的现象经验无需经过内省确证，因此，我有意识地经验到灯亮了。在这一意义上，内省不是通往第一人称的有意识经验的唯一途径。如果将内省看作反思的意识，那么第一人称报告不等于内省报告。

胡塞尔明确地区分了自然的思维态度和哲学的思维态度，认为自然的思维态度不关心认识批判，"在自然的思维态度中，我们直观地和思维地朝向实事，这些实事被给予我们，并且根据认识起源和认识阶段而定"①。胡塞尔认为，自然的思维态度并不研究认识的可能性和条件，它所坚持的是对认识论的无反思的、非批判的、自明的态度。自然的思维态度是一种典型的自然科学的、实证的知识论态度，缺乏对自己的理论前提的认识论批判。与此相应，胡塞尔提出了哲学的思维态度，认为只有哲学的思维态度才能解决认识论的可能性问题，并坚持对认识的条件进行批判和反思。这种哲学的思维态度被胡塞尔称为现象学的方法②。海德格尔认为，在存在论中，应该沿着现象学方法的道路并以概念构思存在。根据这种观点，现象学方法包括现象学还原、现象学建构和现象学解构三个环节，三者是统一的、共属一体的。"现象学还原"使得存在主题化；"现象学建构"使得存在对"预先所与的存在者的筹划"得以可能；"现象学解构"则进一步使得存在的概念以纯粹"存在论"的方式来进行③。

当我们以意识为研究对象时，首先需要区分关于世界的直接报告和关于经验的反思报告。前者所涉及的是技术层面，如计算反应时间、观察主体脑活动；后者所涉及的是现象学方面，第一人称的经验本身。虽然区分反应时间、脑图像等第三人称的客观数据与第一人称的主观数据比较容易，但事情往往比想象中复杂得多。此外，主体的第三人称数据可能关于第一人称经验。科学家在实验中即使利用 fMRI 或 PET 等工具观测脑内活动，仍需要将之与主体的第一人称经验相联系，否则得到的只能是对神经

---

① 〔德〕胡塞尔：《现象学的观念》，倪梁康译，商务印书馆，2016，第 7 ~ 24 页。
② 李金辉：《多维视域内的现象学研究》，人民出版社，2014，第 7 页。
③ 李金辉：《多维视域内的现象学研究》，人民出版社，2014，第 9 页。

活动的描述。因此，分析意识的第三人称数据有必要借助第一人称数据。科学地研究意识或心灵可以从第一人称的角度来进行。"我们虽然利用科学的实验范式检验结果，但仍受到自身经验、他人经验的引导。"① 科学家基于自身的意向立场对主体报告进行解读，这种传染的、间接的第一人称角度不受科学方法的控制。这正说明了科学的片面性，科学家预设了对世界的第一人称的、前科学的经验，因而科学实践的第三人称角度并不真实。这也导致了意识研究中第一人称、第三人称解释普遍对立的误解，因而并不存在纯粹的第三人称视角。

如何获得更加可控的第一人称经验？我们能科学地研究意识吗？现象学家认为，要想充分理解人类心灵，理解人类如何思维、感知、行动、感觉等经验必须面对意识和主观性。现象学是对生活经验的描述、分析和阐释，可以将现象学的立场、态度与科学实践结合。类似于科学方法，现象学方法也注意规避偏见的、主观的解释。人们通常将现象学误解为是对经验的主观解释。在此，我们需要区别经验的主观解释与主观经验的解释、经验的客观解释与第三人称解释，特别是需要注意理解"主观的"与"客观的"在不同语境中的意义。

二 走向生活世界的分析

认知现象学有两个互补的方法：一是主体在场的、情境开放的生活世界分析，此为公共的、科学的、第三人称的现象学方法；二是对经验内容和经验过程的第一人称解释，主体在描述时也可能会加入主观立场，这也是第一种方法所面临并尝试克服的问题。二者均强调细致描述、悬搁先见、公开共享，认知现象学则唤醒了两种模式的动态关系，生活世界的本体论能够为科学研究提供指导，科学研究为现象学提供思路。在此，生活世界分析与第一人称解释在合作中既相互制约又相互借鉴。相对于物理阐述的科学描述，由于生活世界的情境分析指向人们在活动中所特有的约定性、固定性，认知科学逐渐认识到对生活世界展开情境分析的重要性。"生

---

① A. Jack, A. Roepstorff, "Introspection and Cognitive Brain Mapping: From Stimulus-response to Script-report," *Trends in Cognitive Science* 6 (2015): 334.

活世界"最初源于舒兹（A. Schutz）、卢克曼（T. Luckmann）对日常熟悉世界的描述，这在认知科学的语境中则指的是以惯常的方式建构活动所发生的环境①。不同的人可能处于相同的物理环境，但仍居于不同的生活世界。真实的世界和真实的活动包含了大量的动态结构。主体在情境中难以感知全部细节，而更倾向于生成图像，并以图像为基础采取行动。在此，图像的生成依赖于主体的经验、目标和意图。在一定程度上，这是从第一人称角度解释经验，以补充神经物理学的实验研究。

　　除此之外，通过对经验的第一人称解释，认知现象学提供严格的、可重复的和可证实的数据，这些数据可以作为认知科学的实验数据的补充。现象学预设了有意识经验的不可还原性。这既不是内省主义，也不是印象主义，而是一种"悬搁"的思维方式。悬搁是一种暂停判断的系统方法。不少心灵哲学和认知科学会以辨析各种形而上学的立场开始，如二元论、物质主义、同一论、功能主义、取消主义等。现象学将各种问题予以悬搁，置于一边，转而关注所研究的现象本身。现象学的基本理念之一是，我们对所预设的形而上学问题的探讨易于退为偏向技术的、颇为抽象的讨论，从而远离了真正的问题本身，即经验。胡塞尔的现象学理念恰恰就是"回到事物本身"，所关注的是经验的事物，而非与之无关的、模糊的、失真的事物。悬搁的目的不是怀疑、否定、排除实在，而是采取中立地对待实在的态度，从而直指所显现的实在以及追问实在如何出现在我们的经验之中。悬搁最终排除的是被我们视为理所当然的部分，这就将主体置于更广阔的视域，经过内省获取该过程的不同阶段的恒定经验，最终达到主体间理解。据此，现象学方法可以分为两个步骤：第一步是经验的悬搁或现象的还原，第二步是描述和确认。悬搁是搁置判断、跨出先入为主的预想、获得新知的一种系统方法。这两个步骤大致可进一步分为三个阶段：初始阶段时，系统产生经验并悬搁个人观念，要求公正、公开的经验细节；转换阶段时，注意力从经验的内容变为经验的过程，并分析经验过程；在此之后，第三阶段是接受经验的过程。

---

① A. Schutz, T. Luckmann, *The Structures of the Life-world* (Evanston, IL: Northwestern University Press, 1973), pp. 21 – 98.

　　具体地说，从知觉经验看经验过程的反身性分析，视觉输入和经验输出如何关联仍属未知，这在认知科学和哲学中引发了激烈争论。主体感知到的是感觉运动偶然性，获得来自环境的视觉信息是人在情境单元内相对运动的功能。看到特定的东西都需要注意力，而注意力来自对感知活动的接触和控制。因此，任何特定的图形—背景结构不仅依赖于特定的焦点，也依赖于全局环境中局部特征的细节关系，对局部特征的评估则离不开整个身体或相关部分的运动。视觉体验并不仅仅产生于大脑，更重要的是来自涉及整个人和情境的活动事态，同时也离不开感觉运动能力。这个例子说明了现象学方法是如何从知觉经验的内容开始，对经验变化的知觉系统的探究、描述，从而有助于达到对内容形成过程的描述。这些过程是可重复的、可验证的。在经验之后的仔细观察超越了对认知的先入之见，关注的是与经验相关的过程。这些过程在日常生活中是透明的，构成了现象学中递归性的、反身性的对象。

　　知觉不仅是脑内神经中枢对视觉输入认知特征的被动过程，更是主体在情景中建构知觉世界的动态过程。反复经验、多次试验后，可以对先入为主的预设再次做出判断。采用第一人称描述经验与第三人称解释经验结合的认知现象学方法能够收集更多维度的信息，有助于更全面地理解主体经验的内容和对象。同时，经过整合的认知现象学方法在收集数据时，能够使研究者更好地理解研究对象和参与者体验的内容。实验方法需要能够解释个人经验，而现象学方法需要提供实验方法可以解释的种类和级别的描述。对此，现象学方法和实验方法的联合为研究单一的现象提供了不同的、相互制约的方法，特别是现象学方法可以通过严格的操作来获得重要的数据和见解。基于现象学的还原和反身性的内省，这就将注意力转向主体自身经验的各个方面。在此，主体不仅成为自身的一部分，也成为反思的对象。

　　可以看出，认知现象学所寻求的是现象领域以及与现象相关领域之间的相互制约。前者呈现了研究者的经验和对生活世界的分析，后者则是认知科学的研究对象。因此，现象学不是唯我论的重复，而是假定对特定经验的研究能够增进更普遍的人类共有的生成性结构的认识。为此，它首先尝试确立一种科学方法，使其能够明确地处理经验和产生经验的结构，进而化解认知科学中个人经验与认知或心理事件难以联系的问题。例如，现象学家注意到，我看到电脑的视觉感知具有特定的结构，描述了所有有意识行为的特征，即意向结构。意向性是意识所具有的关于性、指向性的普遍特征。在这一意义上，经验不是一个孤立的、单一的过程，还涉及对物理、社会和文化世界的指称。为此，意向性的现象学分析为理解经验的结构贡献了独特视角。当我们认为知觉的意向性中有着精细的内容时，就可以对知觉经验作出更详尽的解释。在这一解释中，知觉不是简单的信息接收，更包含着依语境而发生改变的内容。例如，我看到桌子上有个东西，那是台电脑。这一知觉由以往所积累的经验构成。在这一意义上，经验主义对知觉经验的观点是正确的，经验、习惯、环境、身体等多个维度丰富了知觉。同时，知觉经验嵌于实际的、社会的、文化的语境之中，与对象、组织和事件等知觉内容共同结成了语义网。这样看来，知觉具有表征内容或经验内容，并未阐明知觉经验的全部本质。知觉的意向结构也包含现象学的空间方面。例如，站在这儿可以只能看到汽车的一面，而我们的意识自动补全了视域外的其余面向，从而达成了对一辆汽车的表征。这表明，我们对即将发生的可能行为有种隐性参与，这反映了现象学所指向的需要细致描述的经验结构。

通常，我们对物理对象的知觉是不完整的，从未一次看到一个完整的对象，即"透视不完全"。知觉之所以能将对象片段综合成一个整体，实际上是借助了时间的作用。值得注意的是，现象学家的各种解释都涉及了知觉的具体经验结构，特别是经验与知觉主体所处的环境相关，并非纯粹主观的、脱离世界的。除此之外，对我们如何经验世界、如何展开意向分析的问题，现象学也涉及知觉主体的现象意识状态，也就是心灵哲学语境中所说的经验的现象特征。

意向性、透视不完全、现象特征、时间特性等都是知觉的普遍方面和一般结构。在此，现象学关涉的是对心理生活、具身生活的经验结构的描述和理解，而非发展对意识的自然主义解释，这是知觉的现象学解释不同于心理物理学、神经科学解释的关键所在。这种现象学解释与胡塞尔最初的现象学概念是一致的。在胡塞尔看来，现象学并不是对人的心理物理构成物的分析，也不是对意识的经验调查，而是理解知觉、判断、感觉等所具有的本质特征。但是，现象学解释与认知科学并非完全无关。从意识到神经结构的还原、自然化意识的可行性，都需要对意识的经验方面的描述和分析。正如内格尔所指出的，严谨的还原主义的前提是恰当地理解实体本身①。除了考察系统的还原策略，我们也在寻求细致的现象学分析，探索明确的经验的意向方面、时空方面、现象方面，这些与心理学、神经科学借助神经的、信息处理的、动态模型的解释指向了共同对象。确实，现象学家也肯定了科学家所进行系统控制的分析为知觉的解释提供了更适当的模型。

在此，我们可以进一步比较两种情形：第一种情形是，科学所解释的知觉不同于对知觉经验展开的现象学描述。在这种情况下，如何发展我们的解释？根据科学研究的一般方法，我们必须从某处开始，首先预设知觉的理论，接着展开对该理论的检验。一般而言，研究所预设的理论是基于对知觉的观察或假设，而这依赖于我们对知觉如何工作的理解，才能在此基础之上形成试验的反驳或替代假设，最后对该理论进行证明或证伪。第二种情形是从意向、时空、现象方面对知觉经验予以现象的描述。这一描述能够最大限度地为我们提供解释对象的全貌。如果我们知道知觉通常是透视不完全的，知觉时难以完整地看到有体积的知觉对象，于是就了解到所需要解释的部分，从而设计相应的实验解释意识的特征。如果现象学的描述是系统的、详细的，照此丰富的描述自然会得出更加全面的结论。因此，现象学和科学可能指向不同的解释，现象学可能有助于科学研究工作的具体展开。

目前，心灵哲学和认知科学对"现象学"也极为关注，用以揭示出经验的"它是什么样子"的第一人称描述。这种非系统的用法等同于内省，具有误导性。在一定程度上，对"现象学"的使用极大地依赖于现象学的方法论本质。正如前文所提到的，心灵哲学中出现了各种不同的心灵理论，如二元论、同一论、功能主义等。类似的，心理学和认知科学也提出了被广泛接受的心灵理论。与之不同，现象学不以一种理论或对理论的考量开始，而是力图以批判的、非教条的方式尽可能地避开形而上学的理论

---

① T. Nagel, "What Is It Like to Be a Bat?" *The Philosophical Review* 83（1974）: 437.

偏见，倡导受实际经验的引导而非受制于预期的理论。现象学不反对科学，也不反对理论，但是也不能将现象学过度简化为一种对经验的描述方法。相反，经验的现象学视角会影响知觉理论、意向性、现象特征等。同时，利用现象学基础的理论解释和描述影响认知科学，使其能够以更有效的方式来参与解决心灵哲学中的意识难题。在现象学视角中，反思不同形式的有意识经验的特征和结构，有益于展开对有意识思维的现象学描述和分析。因此，现象学不仅仅作为经验的"感受如何"的描述和解释，而且作为一种哲学方法，适用于分析意向性、具身性等经验的构成要素。

第五章　认知现象学的启示与拓展

认知现象学的不可还原解释在深入讨论了认知及其现象特征后，深刻影响了意识研究的其他方面，随之而来的启示和拓展是本章的主要展开方向。严格来说，以知觉的现象特征为基础的意识理论，以排除认知经验为代价。在认知现象学的框架中，以认知具有不可还原的现象特征为基本假设，这对当前的意识研究有何影响？一旦认知具有独特的现象特征，是否将使人工智能更加复杂？现象特征不仅仅属于感觉、知觉，是否也能够扩展到身体意识和自我意识？除此以外，知觉的现象学、认知的现象学作为一种广义上的现象学研究，也存在能够拓展至注意的现象学、情绪的现象学等的可能。

第一节　启示：认知现象学与意识理论

一　对解决意识难问题的启示

"意识"一词有多种界定方式，从功能角度说，意识具有辨别刺激、报告信息、监控内部状态或控制行为的能力。在这一意义上的物理系统是"有意识的"，可用神经生物学的、计算的概念来解释。但是，意识难问题是关于现象意识的问题。从现象意识的角度来说，人具有主观的经验，即当主体处在某种状态有特定感受时，主体是"有意识的"。在此，有意识状态包括躯体感觉、心理意象、情绪体验、正在发生的思考等。例如，看到广阔的大海、感到剧烈的疼痛、想象一辆汽车。在这些有意识状态中，主体不仅有现象意识，同时还指向外部对象，即具有现象特征和意向特征的双重指向。其中，现象特征与意向特征是密切相关的，大多数有意识的心理状态是表征外部世界的意向状态，并且该意向状态也是有意识的。解释意识必然包含其中的意向结构，而对意向结构及其特征的解释也离不开现象特征。因此，对现象意识与现象特征以及意向特征之间关系的追问，使得意识问题的难易之别变得模糊。现象意识以大脑系统中的物理过程为基础，但物理过程如何产生现象意识，构成了意识的核心谜题。较容易的部分揭示行为或认知的功能，通过解释认知系统、认知行为对意识的作用来达成理解。但是，其中的困难之处仍挥之不去。因为即使借助神经机制、计算机制解释了与意识相关的功能，如辨别、整合、存取、报告、控制，仍会留下另外一个问题，即为什么这些功能的显现会伴随着现象意识？因此，在解释物理过程与现象意识之间关系时，不仅仅依赖物理过程，也依赖现象意识状态。

具体来说，认知现象学研究对解决意识难问题具有直接意义与间接意义。一方面，认知现象学对现象意识的重视，对解决意识难问题有直接意义。不少意识理论认为意识本质上是感觉的或知觉的，这实际上是还原主义的变种，是将有意识状态视为非概念的、知觉的表征状态。例如，根据德雷斯基的表征理论，所有的心理事实都是感觉层面的表征事实，意识主要作为一种非概念的表征形式感觉经验①；泰伊认为现象意识是经验的主观方面，包括知觉经验、身体经验、情感或情绪，抽象思维或语言的内在状态没有现象特征②；卡拉瑟斯称知觉中的主观感觉、现象学、它像什么、经验自身的问题是客观描述无法解释的部分③；普林茨将有意识状态描述为受注意控制的中层知觉状态④。认知现象学中关于认知现象学与知觉现象学关系的讨论，以其不可还原的论证对还原主义构成了挑战，使得我们重新反思还原主义的解释。同时，不可还原的认知现象学可能为意识研究

---

① F. Dretske, *Naturalizing the Mind* (Cambridge：The MIT Press, 1995), pp. 1 – 2.

② M. Tye, *Ten Problems of Consciousness*：*A Representational Theory of the Phenomenal Mind* (Cambridge：The MIT Press, 1995), p. 3.

③ P. Carruthers, *Phenomenal Consciousness*：*A Naturalistic Theory* (Cambridge：Cambridge University Press, 2000), p. 29.

④ J. Prinz, *The Conscious Brain*：*How Attention Engenders Experience* (New York：Oxford University Press, 2014), pp. 69 – 122.

开辟新视角。

综观 20 世纪中后期，人们对意识的极大兴趣和科技的发展催生了认知科学，触发了神经科学、哲学、心理学、人工智能等多学科的携手并进。意识的研究也历经了以符号为基础的计算主义、以神经网络为基础的联结主义，以及 20 世纪 80 年代以后的具身认知、延展认知、生成认知、嵌入认知和生成认知的新范式。可以说，我们获得了最为全面的认知科学和神经科学知识，并利用计算、神经机制解释了认知能力和功能执行。当意识的行为主义和功能主义难以给出令人满意的意识解释时，人们把注意力转向了主观的、第一人称的维度。科学研究对这一维度的束手无策使得经验变成了难问题，使得关于经验问题的研究需要一种新的视角。在这一方向上，认知现象学认为难易问题并没有这么容易划分，或者根本没有所谓的易问题。认知现象学强调现象意识，探讨了认知经验及其现象特征，意识研究提供研究径路使得讨论范畴也从知觉延伸到认知，涉及意识与意向性，意识与内省的自我知识、外部知识的关系，从而有助于扩展传统的认知研究图景①。

另一方面，认知现象学所强调的现象意向性对解决意识难问题有间接意义。意识的问题难点在于，物理事实和现象事实之间有一个解释鸿沟，相同的物理状态可以产生不同的意识状态或者根本不产生意识状态。对此，仅依靠意识的物理基础难以充分解释其中的现象意识部分，而对意向性的解释往往是一个相对容易的问题，其中并不存在物理事实和意向事实之间的解释鸿沟。因此，人们普遍认为，意向性可以利用物理事实的因果作用来解释状态。对此，分析哲学和认知科学中对意向性分别形成了三种不同的解释策略：第一种是来自语言哲学，通过分析描述心理现象的句子的逻辑属性理解意识的意向性；第二种是自然化意向性，利用非意向机制解释意向性，将意向状态还原为行为、神经生理学和物理学的分析；第三种是意向性的现象学解释，强调从第一人称视角描述意向性结构对意识研究的重要性②。

---

① D. Smithies, "The Nature of Cognitive Phenomenology," *Philosophy Compass* 8 (2013): 731 – 743.

② S. Gallagher, D. Zahavi, *The Phenomenological Mind: An Introduction to Philosophy of Mind and Cognitive Science* (London: Routledge, 2008), pp. 109 – 110.

在认知现象学中，这一解释则表现为现象意向性，它将意向性视为意识的决定特征，特别关注从第一人称的、主体的视角来探讨意向性。这一维度对意向性的解释反对意识与意向性的分离观，在肯定二者必然相关的基础上，明确指出解释意识的问题不能脱离意向性，并且意识在解释上优先于意向性。

可以看出，现象意向性是以"意识第一"通向意向性的路径，在本质上将意向性还原为意识，并在逻辑空间中提供理解意向性的新角度。对于意识难问题，现象意向性尝试联合现象学与意向性，并将意识的第一人称与科学客观方法结合起来。以第一人称方法对人的意识研究是从行动者的角度展开的，而第三人称方法则拆分研究者和研究对象。在此，现象意向性试图弥合主观和客观之间的鸿沟，这一趋向为解释意识难问题提供了新的对话平台，也极大地推动认知哲学向更广阔维度拓展。

二　对解决符号入场问题的启示

认知现象学以认知具有独特的现象特征质疑了当前意识研究中的基础假设。对经验的现象特征的研究通常集中在感觉和知觉，有时也延伸到身体的经验、情绪，但不特指思维经验本身。但是，如果思维具有独特的现象特征，那么机器和计算机所进行的认知活动，一旦负载了独特的现象特征，便会使得计算和人工智能的争论复杂化，这可从"符号入场"问题窥知一二。

符号和符号操作是贯穿认知科学的主线，计算的实现离不开符号。一旦将认知比作计算，就等于说认知是精确符号操作的结果，心智状态等同于符号结构。图灵将认知的心智过程定义为对心智表征的句法结构的操作，并由之形成以表征—计算的心智理解模式为纲领的计算主义，即"对心智最好的理解就是将其视作心智中的表征结构以及在这些结构上的计算程序"[1]。根据计算主义，认知是一种计算形式，而计算是形式化的符号操

---

① A. Turing, "Computing Machinery and Intelligence," *Mind* 59（1950）：433–460.〔加〕保罗·萨伽德：《心智：认知科学导论》，朱菁、陈梦雅译，上海辞书出版社，2012，第11～13页。

作：操作的规则是基于符号的形状而非意义。根据这种观点，在解释有关人脑如何辨识所指称对象时，也会完全采取计算的方法。本质上，计算理论是计算机的一种运算法则，旨在为操作符号而制定的一系列规则。这些运算法则是"分布式"的，即无论运算规则以何种方式运行，也无论硬件是由什么成分构成，它将会完成运算。执行计算的动态系统的物理成分与计算本身无关，因为计算是纯形式的，任何硬件都可以完成计算任务。从计算角度来说，特殊的计算机算法的所有物理实现都是等价的、可计算的，计算机可执行任何计算。大脑能够对输入的意义进行处理，而一旦计算主义找到合适的算法，计算机也能对意义做同样的处理，处理工具就是运算规则。

问题是，我们如何知晓算法适用与否？答案是它必须能够通过"图灵测试"，也就是它能够以对方无法辨认的方式，一直与人像网友一样通信。这种观点既造就了第一代认知科学的辉煌，也限制了它的进一步发展。在计算主义范式下，符号系统就是所有符号和操作规则的集合。符号的意义可以得到系统的解释，但其形状和意义的关系却是任意的。为解决此问题，联结主义日渐兴盛。在联结主义系统中，是否存在符号表征仍有争议。联结主义架构的网络可以由符号系统进行模拟，符号系统也能用联结主义架构实现，但这并不意味着二者等同。基于对计算主义局限性的反思，"符号入场"问题应运而生。

"符号入场"问题触发了以计算主义为基本假定的认知范式。为了反驳人脑只是一部进行着信息处理的计算机，只要有恰当的程序便可以正确地模拟人脑的运行机制这种观点，塞尔提出中文屋实验，证明即使通过了图灵测试，计算机也无法具有等同于人的智能，恰当的计算机程序仍然不同于自然语言，无法提取符号结构的语义内容①。因此，计算机只具有对符号串进行规则操作的能力，而不具有理解能力。在塞尔看来，人类特有的心理状态，如意向性、主观性和理解力等无法由计算机程序模仿并复写，即便所设计出的程序足够复杂和精密也无济于事。而程序所操作的符

---

① J. Searle, "Minds, Brains, and Programs," *The Behavioral and Brain Sciences* 3 (1980)：417 – 457.

号形态是任意的，符号本身是无意义的，系统中的形式符号的意义表征和语义解释并非内在于系统，而是寄生于外在解释者。"中文屋论证"则强化了"符号入场"问题。计算主义在认知心理学中表现为认知主义，"符号入场"问题也因此与认知主义相关。众所周知，行为主义反对内省主义将隐藏在行为之下的不可观察过程当作心理学的研究对象，指出行为产生于直接单向的信息处理，由感觉输入形成表征产生行为，可观察的行为是内在刺激—反应的结果。随着认知主义的兴盛，心理学变得更像是一门经验科学，使得对行为下潜藏的不可观测过程的研究得以可能。然而，认知主义却再次将内在心理过程推向黑洞，心智被看作符号系统，一组以明确规则为操作基础的任意的物理符号，认知被视为符号操作。符号操作产生复杂行为的可能性已在人工智能领域得到验证。符号的规则化组合和重组形成基本符号和复合符号的字符串，支配物理符号和符号串的规则是以纯符号而非内容为基础的句法操作。整个符号系统包括基本符号、复合符号、句法操作和句法规则，以及规则对符号进行语义解释和意义指派。然而，认知主义在促进"符号入场"的同时也抑制了它。

哈纳德基于"中文屋论证"提出了"符号入场"思想实验[①]。他假设一个人工主体在不了解符号意义的情况下，能够成功地按照句法操作符号，类似于外国人通过中文字典学习汉语。尽管符号是有意义的，但物理形态和句法属性通常无法自动与语义相连。当人工主体能够产生自动的语义功能，将符号与环境自动连接，这就实现了"符号入场"，即让无所依凭的符号进入认知的场地，并找到某个符号之所以拥有某个意义的根据。哈纳德指出，内在解释性是心智的关键所在，独立的形式符号系统的机制类似于以汉语字典为工具学习汉语，字典中的某一字、形，通过其他相似的字形得到解释，某一符号通过系统中其他的符号得到说明。其结果是，不借助已知具体的符号形式知识，系统无法辨别符号。

智能机自身是否具有使符号入场的能力，也是"中文屋论证"的核心问题，即使机器能够完成符号的输入输出任务，也并不代表它懂得符号的

---

① S. Harnad, "Symbol Grounding Problem," *Physica D*: *Nonlinear Phenomena* 42 (1990): 335 - 346.

意义。"符号入场"问题引起的是更为实际的问题：纯粹的符号系统在解决问题时，是否需要高度智能和深层理解。人工智能只计算或处理信息，将之称作思考只能算是一种隐喻。思维的现象特征就挑战了认知、知觉的功能主义模型，前者的认知主体是具有自我觉知能力的思考者，认知是从第一人称的角度所思考的行为。

考察思维经验的特征可能改变关于思维、认知的本质的理解。在这一意义上，认知现象学的探索为意向性和现象意识的划分投下质疑。一般来说，对现象特征仅限于感觉和知觉经验的根本质疑，涉及我们对现象意识的范围和性质的整体概念。早期关于经验的现象特性的讨论往往将所有的现象学限制在知觉领域。关于意识的本质、作用和效力的谜题产生了意识"难问题"，主要针对知觉经验。认知现象学中关于有意识思维或认知经验的理论是否产生同样的难题？如果有意识思维只是意识难问题的另一部分，则其不仅仅涉及与信息处理和意向性的关系；如果的确有认知现象学，则说明难问题与易问题错综复杂，可能根本没有易问题。因而，认知现象学的讨论在哲学和认知科学中的地位可见一斑。

三 对自我意识的启示

"自我意识"一词在哲学、心理学和神经科学中有不同的含义。在哲学中，自我意识与思考"我"的能力密切关联。我们是经验主体，以自我为中心来经验世界，此为弱的第一人称视角①；主体除了具有自我意识，还需有强的第一人称视角，才能完成对自身的审视。欲望、信念、透视态度不足以区分自我和非自我，自我意识预设了第一人称概念。只有当目光投向自身，且具有使用第一人称代词的语言能力来指代自身时，才具有自我意识②。据此，自我意识是在发展过程中出现的，取决于概念和语言。与此同时，自我意识需要一个关于自我的意识。换句话说，有自我意识的生物必须能够将自我描述的经历视为属于同一个自我。因此，真正的自我

---

① L. Baker, *Persons and Bodies*: *A Constitution View* (Cambridge: Cambridge University Press, 2000), pp. 60 – 67.

② L. Baker, *Persons and Bodies*: *A Constitution View* (Cambridge: Cambridge University Press, 2000), pp. 67 – 68.

意识要求生物有身份认同的意识①。在此，自我意识成为一种复杂的社会现象。在发展心理学中，镜像识别任务有时作为自我意识的决定性试验。其中，不乏有人认为自我意识只存在于孩子在镜子中识别出自己的时刻。而自我意识预设了一种心灵理论，意识需要具备经验的意识能力、经验的概念。以上都涉及了自我意识的许多方面，但均未能把握最小的、前反思的自我意识。在现象学中，自我意识不仅仅存在于仔细审视经验的时刻，还是经验生活中持续的第一人称显现。

在传统的现象学框架中，最小的自我意识是有意识经验的固定结构，经验主体的即刻体验隐含地标记为"我的"经验。根据这一观点，自我意识是初级经验的内在特征，表现为隐含的、重要的、非观察的、非客观的，典型的意识包括自我意识的形式。主体不仅具有朝向外部对象的觉知，还有一种"内在的"意识，现象特征同时包含了外在觉知和内在觉知。因此，作为现象场的一部分，意识对象是现象地给予的知觉、思维或行为。更进一步说，经验本身是以一种不同的方式现象地呈现在内在意识中。这两种意识形式都能够使得其表象出现经验的现象特征。在此，现象特征的不同观点暗示了关于心灵的理论。但是，如何从第一人称的现象学视角分析自我意识的经验特征？从广义上来说，限制论将现象特征局限于纯粹的知觉经验，受制于经验主义的驱动，并得到知觉数据的实验支持。反之，扩展论将现象特征延伸到纯粹的认知行为，由笛卡尔式的理性主义的心灵理论所驱动。然而，自我意识更深层次的动机关系到现象学的本质，关键在于理解意识时的第一人称视角。从第一人称的角度来看，现象特征描述的是主体在有意识地观察、思考时，经验中所呈现出来的感受，意识自身的"现象"即意识在自身和自身内的表现方式。

对于意识的表象与实在的关系，塞尔指出，"意识存在于表象本身。就表象而言，我们不能区分表象与实在，因为表象就是实在。同样的，意识的'幻觉'与意识是相同的"②。也即是说，经验的显现方式就是经验本身，这构成了表象或现象的科学。在此，胡塞尔所要强调的是意识是活生

---

① Q. Cassam, *Self and World* (Oxford: Oxford University Press, 1997), pp. 117 – 128.

② J. Searle, *Mind, Language and Society* (New York: Basic Books, 1988), p. 56.

生的这一特征。但是，神经现象学对有意识经验是基于或依赖于大脑中复杂的神经相关物及其交互作用。事实上，这为意识本身提供了讨论空间的同时，也限制了意识问题的展开。鉴于此，当代心灵哲学中第一人称的视角越来越受到重视。传统心灵哲学内的分析哲学的传统受到了挑战，特别是赖尔的行为主义以及功能主义范式的第三人称视角。它所面对的是所观察到的现象，但遗漏了第一人称部分。事实上，有意识经验的本质在一定程度上相关于意识主体的方式，即"我"或第一人称的主体对现象的经验。正如现象学家所倡导的，经验方面构成了意识本身，心灵哲学的目标是解释心灵活动的特征。物理学和神经科学难以解释心灵活动与大脑活动的关系，使得意识本身的问题逐渐成为哲学分析的中心。直到最近，在分析哲学的传统中，第一人称人的观点才开始出现。相反，现象学家始终坚持从第一人称人的角度展开对意识的研究，其内容和方法都涉及第一人称视角：一方面，从第一人称人的视角出发分析意识现象；另一方面，意识本身的结构体现了第一人称视角，意识行为具有第一人称结构。对此，胡塞尔的悬搁就是从现存的周围世界后退一步，进入意识主体并关注主体如何有意识。现象学是从内部的角度来观察意识现象，有悖于对科学本身的界定。意识哲学与意识结构的解释不可分割，认知现象学所分析的正是现象学实践如何将意识的生活经验与意识理论相结合。因此，现象特征可以置于更广泛的理论框架之中。

认知现象学将"自我意识"解释为对思维的觉察，即是研究思想或思维的意识特征，将"自我意识"指向自我或主体。这与现象学强调的不谋而合，即思维不仅是我经历的，而且是"我的"经历，思维本身具有"我的"特征。例如，精神分裂症患者不能将正在发生的心理经验作为自己的想法，并对听到的声音和说出的话产生幻觉。这也在一定程度上反映了主体自身所具有的现象特征，具有某种经验的感受为何，其复杂性通过视觉经验可窥知一二。在描述视觉经验时，"主体""有意识地""看到""对象""感受为何"五个关键因素形成一个结构化的显现。即是说，感受如何的现象特征涉及主体经验过程中的主观特征、涉及有意识的觉知。以盲视为例，盲视虽然揭示了意识在意识视觉中的作用，但主体的无意识仍导致了相关感受的缺失。类似的，当问及作为一只蝙蝠感受如何，所问的是经验蝙蝠般的回声定位是什么感受。在此，虽然经验的现象学结构决定了整体的现象意识状态，但也只能解释特定经验的整个结构中的一部分。为了理解这一点，我们也可以通过常见的知觉经验形式，透视意识结构的复杂程度。例如，当我们看到广阔无垠的大海时，会自觉涌现出有意识的现象特征和意向特征，但当我们思考 1 是奇数的命题时，这种经验的现象特征在很大程度上是由命题内容的意向特征所决定的，并不包含类似知觉经验的现象特征。

　　一般来说，日常经验包含了现象特征与意向特征，二者整合在复杂的结构之中。其中，具有现象意向性的内容由外围意义、期望和潜在的身体动作的视域等多个因素构成。例如，当听见背后有汽车的声音后，迅速转过头发现汽车离得很近。这一经验过程体现了知觉、有意义思维以及行动在短暂意识流中的融合。因此，知觉的现象部分和意向部分是相互依存的，知觉经验不仅是现象元素和意向元素的融合，而且与身体有关。人的身体不仅仅是一个"物质的身体"，更是"有生命的身体"。在这个案例中，主体看到的汽车是与身体相关的。主体的视觉经验也具有一种现象特征，包含了主体对汽车的意识以及对相关时空的意识。用梅洛－庞蒂的话来说，视觉经验的现象学结构是一种感觉运动的意向性意识，而所有内容都"显现"在主体的现象场①。在现象学的结构中，经验内容的范围涉及自我意识，因而可以从自我意识分析意识的复杂结构。在此之中，现象特征、主观性和内在觉知、对象的指向的区别是关键。在有意识经验领域，经验的现象学结构的现象特征通常与主观性和内在意识相融合，融合之中反映了经验的感受如何。这些特征有机地构成了意识结构。再次以听到汽车声为例，当听见背后有汽车的声音后，迅速转过头发现汽车离得很近。在这一经验中，体现了意识的两个方面——现象地经验到有一辆汽车、现象地判断汽车离我很近，二者共同阐释意识经验的结构。

　　以上区分了给定的经验结构中所包含的不同元素——现象特征、内在意识、主观性、时空性、行为类型、意向对象等，这些元素共同决定了意识经验的整体结构。意向特征只关注意识的对象、客观的内容，这受到现

---

① 〔法〕梅洛－庞蒂：《知觉现象学》，姜志辉译，商务印书馆，2001，第 81 页。

象学结构中的其他元素的挑战。但是仅仅援引意向特征并不能完整描述意识的对象，相反现象特征对意识行为的描述，是从第一人称的角度出发所呈现的经验本身的执行方式。因此，认知现象学需要考察的更为具体的问题，便是在有意识经验的整体结构中划定现象特征的范围。现象特征仅仅包括单纯的知觉内容，是否也包括知觉的意向内容、纯粹的思维认知内容？认知现象学的不可还原解释将现象特征注入了整个经验结构，因而涵盖了意识中所有存在物的显现。事实上，在日常经验中，意识中所渗透的远不只是单纯的知觉内容，其现象特征远远超出颜色和形状的复杂属性，也显现在纯粹的认知经验之中。从现象特征的运作原理来看，复杂的意识过程超出了纯粹知觉的范围，扩展现象特征的范围，打开了真实意识的空间，扩展了意识经验的研究范围。

四 对身体意识的启示

身体作为一种构成性、经验性的存在，关涉到主体与世界、与他人以及与自我的关系。对身体的分析有助于理解思维与世界、自我与他人、身与心的关系。在笛卡尔看来，实体可以划分广延实体与思维实体，身体归属于广延实体。这种广延实体将自身或另一个的身体作为其探索对象。在此基础上，对身心关系的剖析不仅仅是要形成心理因果的形而上学理论、理解身体如何与心灵相互作用，更重要的是探索具身性经验在多大程度上形成或影响我们对世界、对自我、对他人的经验。因此，重新思考身体并质疑了身心问题的界定变得至关重要。在对身体的理解中，存在客观的身体和现象的身体的划分，这不是一种本体论的区分，而是理解身体的两种不同方式。现象的身体是立足于具身的、第一人称视角的身体，客观的身体则是落脚于外部观察者的第三人称视角的身体，作为主体的观察对象。对此，现象的、运动的、活生生的身体是生成第一人称视角的基础所在。可以说，身体属于现象主体，而不是作为客体或对象，这是笛卡尔传统所遗漏的基本区别。

现象身体的突出之处在于，将身体作为构建经验、塑造存在的主要方式。所感知和行动的身体是与世界不断产生联系的。在世之"在"意味着处于某个物理环境，且身体与环境成为一体。身体的延展程度决定了环境的可应用程度，从而决定了意义情境和行动。同时，环境不仅仅是我们的行动所依赖的场域，也直接或间接地调节身体，使身体在某种意义上表达或反映环境。在此之中，身体自身所具有的感觉、驱动状态和动觉感觉等，部分地由所起作用的环境来定义。作为具身主体，我们以独特的方式感知身体，并形成身体意识的现象学，这对自我意识、行为至关重要。

基于身体意识是一个复杂的现象，具有复杂的、发达的物理基础，认知科学从多个角度探讨了身体意识，并取得了相当大的进展。但是，科学的解释局限于客观身体，除此之外主体还有经验的、现象的身体。这在一定程度上复活了心灵哲学对身体意识的兴趣，尤其是现象学中身体意识的现象维度，打开拓展了对身体经验及其背后机制的理解空间。从第一人称的角度来看，身体以及身体意识的结构赋予主体联结物质世界的途径；从第三人称的角度来看，身体是肌肉、骨骼和神经的综合体，与其他物体之间存在因果关系。其中，身体的现象特征是身体意识的核心。现象的身体是活的身体，是可能从内部体验到的对象。因此，身体不仅仅是一个物体，不能还原为与其他生命体等同的对象。但是，认知科学所解释的只是客观身体，而未能洞见身体之中所蕴含的现象层面。在这一反思之下，认知现象学中现象的身体提出了一个独特的问题：身体在日常经验中如何"呈现"给主体自身？接踵而来的问题便是，主体如何看待自身和自身的显现。如前所述，自胡塞尔引入了"有生命的身体"的概念到梅洛－庞蒂将这一概念作为其现象学的核心概念，再到认知科学哲学中的具身观，身体的现象学逐渐受到重视。在认知现象学中，身体在知觉和行动以及意识本质中的具身性意味着存在一种现象的身体，即身体具有现象特征。这个特征超越了心理学理论中强调的动觉和本体感觉。

在此基础上，对身体在思维和行动中作用的研究成为现象学与认知科学的结合点。罗兰兹将外部"信息"与内部"表征"相结合，将认知主义范式与身体现象学相结合，从而扩大了"具身心灵"模型①。为了解决信息的概念难以自圆其说的问题，达到连接"物理身体信息空间"与"现象

---

① M. Rowlands, *The New Science of the Mind*: *From Extended Mind to Embodied Phenomenology* (Cambridge: The MIT Press, 2010), pp. 55 – 70.

信息空间"，查默斯提出了"信息的双面理论"①。根据查默斯，我们可以更进一步地分析现象的身体。日常意识结构中包括作为具身主体的自我意识，其嵌入周围的世界中以在场的方式观察和行动。这种意识形式是日常感受的一部分，因此，现象特征赋予了主体具身感。身体的活动融入知觉经验之中，如边走边看是一种结合知觉与行动的复杂经验。二者合成了一个自然的经验单元，构成了完整的意识结构。这一结构较为明显地呈现在视觉经验中，主体看到对象属于具身的视觉意识现象学。在此，视觉内容指向了复杂的现象学结构，将主体置于特定的知觉意识的时空环境中，其中组成内容的元素依赖于主体对时间、空间、身体、自我和他人的意识结构。这样一来，时间意识、空间意识、主体作为"有生命的"身体以及与主体和他者之间相关的主体间性共同构成现象学结构。也就是说，主体从具身性的、第一人称人的角度经验了生活世界。

同时，知觉主体不是一个无身体的主体，知觉经验也不是无身体的经验。相反，在知觉行动的过程中，主体的经验是以主体与对象的意向关系为出发点的，并使其所形成的自我体验通过意向内容得以实现。对胡塞尔来说，"纯粹的"主体是对经验主体的抽象，而不是一种纯粹的精神实体。现象意识不仅仅是指向有意义的对象或状态，更指向对象对主体的给予。因此，胡塞尔强调"有生命的身体"是主体世界的核心。梅洛－庞蒂对身体现象学展开了进一步阐述，指出"身体理论已经是一种知觉理论"②。在这个意义上，身体是作为知觉的具身主体。因而，知觉的理论也可以理解为身体的理论。主体所经验的世界就是以主体自身为中心的世界，这种具身感是现象特征的一部分。除此之外，身体也可能作为背景出现。当主体打开窗户看到一棵树时，手也可能会出现在视野中，而此时的注意力集中于树。这一过程虽未觉知到身体本身，但"活生生的"身体已在经验的视域中扮演了重要角色。根据胡塞尔的统觉观点，虽然主体只能看到对象的一个侧面，但未显现的部分潜藏在经验的意义之中。类似的，我们也只能观察到身体所显露的部分，其余部分则隐含于具身性主体的自我意识。可

---

① D. Chalmers, *The Character of Consciousness* (Oxford: Oxford University, 2010), p. 25.
② 〔法〕梅洛－庞蒂：《知觉现象学》，姜志辉译，商务印书馆，2001，第3页。

以看出，经验过程运行的现象身体显现了整个的经验结构。主体通过具有现象特征的具身经验进入生活世界，又进而在身体经验与周围世界的互动中展开对世界的认识和理解。

第二节 拓展：作为一种广义的现象学

一 注意的现象学

19 世纪以来，随着实验心理学受到广泛关注，注意成为心灵科学中主要课题之一。越来越多的心理学家、精神病学家和生理学家对注意展开深入研究，并分别从物理学、功能成像、理论建模到信息建模等不同视角展开分析，形成了以注意为研究对象的实验科学和计算科学。从科学的角度看，注意作为一种活动，包括定位对象的搜寻、与对象保持关联的监控、对可能出现的对象怀有的警惕以及关注到特定方面的选择。从心理学对注意的分析来看，注意是具有短期存储能力的工作记忆，其工作原理是：对象被编码到工作存储中，并通过语言系统对收集到的信息进行报告和串行处理，由此引导注意①。在此，注意以决定信息来源的方式控制着工作记忆。这种相互作用暗示着，工作记忆中的信息编码可用来识别注意。只有刺激被注意到时，才可用于工作记忆。这样一来，工作记忆既是注意的原因，又是注意的结果。工作记忆中的表征指导搜索过程，成功的匹配使输入表征可用于工作记忆的编码。在此，注意是工作记忆获得知觉表征的过程。而注意与认知的关系涉及主体在认知中的作用。注意到的信息被编码到一个短期的工作记忆存储中，该存储使得在口头报告和其他执行过程中使用信息。当且仅当这些表征可以在工作记忆中编码时才是有意识的，因此注意的过程是将表征带入意识的机制，注意的作用是使工作记忆能够获取信息，从而用于指导认知行为。

尽管对注意的研究得益于丰富的科学模型，但关于注意的本质却从未

---

① J. Prinz, *The Conscious Brain：How Attention Engenders Experience*（New York：Oxford University Press, 2014）, pp. 90 - 122.

达成共识。还原主义利用大脑过程和计算过程来解释,认为注意能够完全分解为复杂的神经过程、物理过程。但是,所面临的困境是,不同的实验范式触发不同的注意成分时,可能会产生不同的机制。这使得难以找到解释注意的普遍机制,而特定的机制无法解释注意的核心特征。可以说,这些困境为理论上的拓展开辟了可能空间,即存在其他一些尚未被发现的机制。与之相反,反还原主义认为,注意本身并不是一个计算性或神经元性的过程,而应该被视为一种扎根于心理生活之中的、主观层面的现象:从他人导向的方面看,注意涉及他人的心理生活,并在此基础上解释和预测他人的行为;从自我导向的方面看,注意是主体的思考与知觉相协调的方式。

作为一种经验形式,注意本质上是意识的聚焦,只有当外部对象进入主体的注意范围时,才可能化为主体的经验。正如詹姆斯所说,"外部秩序中的很多对象会呈现于我的感官,却永远不会成为我的经验。原因是什么?因为我对它们没有兴趣。只有我愿意去注意的东西才能进入我的内心"①。可以看出,注意在经验中扮演了唤起主体兴趣的角色,使其成为构成现象意识的关键因素②。我们通过第一人称的、反思的有意识经验来获得注意,同时对有意识经验的反思揭示了多个维度的注意力。我们常常将注意力集中于正在感知的物体、事件或过程,也经常把注意力集中于所感知的事物的特定特征。因此,在一定程度上,有意识的经验都以注意为前提。

由于现象意识描述的是主体的主观感受,它不是一个静态的过程,而是将不断变动的世界纳入其中的动态过程。对于主体来说,注意是实现被动生成到主动建构的转换工具。在注意的引导下,主体将一些现象特征推至中心或边缘,构成统一现象结构。从这个意义上说,注意的使用和分配部分地解释了经验中的现象特征③。注意与现象意识的关系可从注意对意

---

① 〔美〕威廉·詹姆斯:《心理学原理》第一卷,方双虎等译,北京师范大学出版社,2019,第402页。

② J. Prinz, "Is Attention Necessary and Sufficient for Consciousness?", in A. Brook and K. Akins (eds.), *Cognition and the Brain: The Philosophy and Neuroscience Movement* (New York: Cambridge University Press, 2011), pp. 174 – 203.

③ S. Watzl, *Structuring Mind: The Nature of Attention & How it Shapes Consciousness* (Oxford: Oxford University Press, 2017), pp. 153 – 284.

识内容、显现方式的影响两个方面分析。在有意识经验中，注意影响意识内容和显现方式，是塑造意识的核心要素。在较为激进的意义上，注意与有意识经验构成了一种因果关系，注意与否决定了主体有无现象意识，而不同程度的注意造就不同的现象意识。例如，在听音乐会时，注意力集中在钢琴声上，可能会弱化萨克斯或鼓的声音。这样一来，注意也影响到了现象意识的显现，从而决定了主体处于该经验的现象特征。对于注意的分析，心理学和心灵哲学的研究主要集中在知觉领域，而对注意如何在有意识的思维中起作用、如何描述注意在认知经验中的作用则缺乏关注。因此，从广义的现象学出发，分析注意的现象学是未来的发展方向。

二 情绪的现象学

情绪是一种复杂的意识现象，关涉到对具体事物、事态的感受。虽然悲、欢、喜、厌等感受被经验为事物的客观属性和状态，但情绪在很大程度上与事物和状态有关。因此，除了认知的、知觉的现象学之外，情绪可能作为自成一类的现象学①。情绪提供了一种对世界的独特觉知，对事物和事态的衡量也是通过有意识情绪进行的：痛苦是坏的，快乐是好的，说谎是错的，善良是好的，等等。对于主体来说，其知觉现象学是多维的，如视觉现象学、听觉现象学和味觉的现象学；认知现象学也包含思维的现象学、判断的现象学等。我们以视觉、听觉、味觉、嗅觉等体验世界，每一种模式都是经验世界的方式。类似的，情绪也有其独特的方式来表征世界。悲伤、恐惧、愤怒等表征消极的情绪，爱、喜悦和幸福等表征积极的情绪。因此，情绪状态作为一种指向外部世界的意向状态，主体在经验情绪时可能有独特的现象特征，并无法还原为其他类型的现象学。

对此，还原解释将情绪的现象学还原为情绪的意向性。据此，情绪是一种感受状态，包含或合并了一些具体的、独特的意向元素，而正是这些元素赋予了它意向性。索罗门（R. Solomon）在对情绪进行逻辑分析时提出了"情绪的判断理论"，主张取消情绪与理性、激情与逻辑的区别，情

---

① M. Montague, "The Logic, Intentionality, and Phenomenology of Emotion," *Philosophy Studies* 145 (2009): 171–192.

绪是习得的、有逻辑的、理性的。"如果情绪是判断，就像任何判断一样有预设，并与大量的信念建立联系。"① 情绪具有指向明确的对象时，呈现出意向内容，而不具有独特的现象内容。

与之不同，非还原解释认为情绪是一种现象意识状态，具有独特的现象特征。根据认知现象学中思维的现象特征来看，情绪也可能蕴含着主体居于其中的感受质性。例如，有人看到狗会很开心，而有人则感到害怕。在此，两个人对同一件事可能会有截然不同的情绪反应。二者虽然指向相同的意向对象，但处于完全不同的现象意识状态。因此，情绪的内容并不仅仅包含对象，还涉及对象的显现方式。因而，情绪的现象特征是情绪的现象内容的重要组成，不同类型的情绪具有不同的现象特征。一般来说，情绪状态同时带有评价性内容，如好的、坏的。在某种程度上，评价是情绪本质的一部分。情绪反映了对一件事情的感受价值，如对不公正对待感到愤怒、对失败感到悲伤。不同价值框架决定了各人对事态的情绪反应，消极价值与积极价值限制了情绪的显现类型。情绪本身作为一个整体，是对事态的评价表征。这样一来，只有借助独特的现象特征，才能充分地描述情绪的全部内容。情绪的现象特征与特定情绪的具体质性可能因主体而异。例如，A、B 都感到悲伤或欢喜，但 A 的感受可能在某种程度上与 B 的感受不同。

其中，情绪现象学与意向性的关联在于，当主体意识到意向对象时，该意向对象作为意识的客体，构成了主体的意识内容。对此，霍根将知觉的现象学拓展到了情绪，认为情绪的现象意识状态不仅仅是向主体呈现对象及其属性，也呈现出情绪自身②。在情绪状态中，情绪的内容具有指向事态的意向内容。除此之外，主体的情绪感受可能伴随着身体疲劳，因而也是情绪内容的构成部分，特定的情绪现象学是其意向内容的重要组成部分。可以看出，情绪以自身独特的现象特征呈现事态，不仅作为意向内容的一部分，且在决定状态的主要对象方面起着构成性的作用。

---

① C. Solomon, "The Logic of Emotion," *Noûs* 11 (1977): 41 – 49.

② T. Horgan, J. Tienson, G. Graham, "Internal World Skepticism and the Self-presentional Nature of Phenomenal Consciousness," in U. Kriegel and K. Williford (eds.), *Self-representation Approaches to Consciousness* (Cambridge: The MIT Press, 2006), pp. 52 – 61.

在日常生活中，主体经验到客观对象的同时，也感受到了与自身相关的情绪。情绪的发生作为一种体验，构成了整体的客观事实。作为经验的主体，情绪也是向自身展开的一种手段。害怕老鼠、担心挂科就表达了事态之中的经验主体的感受。从这个角度来说，情绪具有私人性、主观性。但是，我们也经由情绪超越自身，与他人、世界联系在一起。情绪的现象学通常伴随着身体上的感觉，如生气时心跳加速，害怕时喉咙紧锁，但情绪的现象特征不能还原为身体的现象特征。例如，牙疼的感受说明疼的质性，而主体对此产生的消极情绪表现出身体状态之外的感受，而赋予情绪以独特的现象特征是必要的。主体经验一种生动的情绪时，除了指向身体上的感觉外，还涉及非意向的现象特征。正是凭借对情绪的现象特征的经验，主体升起了相关的价值评估①。在经历消极情绪时，消极感受本身并非一种毫无价值的经验，而是表征了关于对象或事态的消极判断。因此，消极的、积极的情绪现象学也具有一定价值。在知觉经验中，主体对红色球的视觉体验可以直接体验到球的红色。与之不同，情绪体验则无关于对象的客观表征，而是有其独特的价值归属。在情绪中，主体将客观的事物、事态放置到与自身相关的价值体验。虽然悲伤、恐惧和愤怒都属于消极的情绪现象学，但主体对它们的感受又各有不同。因此，不同的情绪指向了不同价值。

根据广义的现象学，现象学指的是主体处于现象意识状态时的现象特征。从知觉经验来说，在看到一个红色的圆球时，球的红色和圆度是视觉上呈现给主体的意向内容，而对红色的经验是身处其中的主体所包含的一种状态，但这一事实并不妨碍将红色归因于外部对象。类似的，悲伤的体验也是主体的一种状态，并且可以将悲伤归因于特定的情境。如前所述，情绪可能具有积极影响和消极影响，而这些影响反过来又与事态的价值有关。也就是说，一种情绪的积极或消极影响代表了所表征的事物或状态的不同质性。例如，悲伤的现象学包含了消极的情绪，在经验上表征了某物的低价值。正是由于这种影响力量，主体的情绪不仅仅是情绪本身的表

① R. Solomon, *Thinking about Feeling*: *Contemporary Philosophers on Emotions* (New York: Oxford University Press, 2004), pp. 183 - 199.

现，也是带有不同价值的情绪体验。因此，情绪现象学的还原解释错误地将情绪的现象特征从其意向特征中分离出来，而情绪因素与情绪的意向性是密不可分的，经验的情绪现象学是经验指向世界的重要部分。

　　总而言之，虽然以上所分析的启示和拓展在认知现象学的研究中初见端倪，但进一步研究还需要从认知现象学及其相关方面入手，进行更深入的挖掘。这不仅有助于在不同维度上更全面把握认知现象学的讨论，也有利于为其他哲学分支和认知科学对话提供平台。

结　语

　　认知现象学是当代心灵哲学中较为前沿和热门的话题，致力于分析知觉、认知的现象特征与意向特征及其关系，对心灵哲学中关于意向性和感受质的相关理论构成了挑战。当代认知科学和心灵哲学中的主流观点片面肯定知觉状态具有现象特征，而忽视认知状态的现象特征，或者将认知状态的现象特征附随于知觉状态的现象特征，直接引发了知觉现象学与认知现象学的还原之争。对此，认知现象学主要倡导从现象学与心灵的关系角度解读意识与认知，重新思考心灵的认知维度的现象特征。

　　随着认知哲学的发展，认知的现象特征、现象特征与意向特征的关系、认知现象学能否还原为知觉现象学等争议逐步成为研究焦点。从根本上来说，关于认知现象学的讨论主要涉及的核心方面是：现象意识与认知的关系涉及有意识思维是否具有现象特征的存在问题，认知经验与知觉经验的关系涉及现象特征的本质问题。在心灵哲学中，现象意识所指向的是意识的现象方面、经验的主观方面，其中所蕴含的现象特征是隶属于特定类型的经验，而且其如何分布于各种有意识经验仍是问题。虽然认知神经科学通过追踪各脑区的信息处理信号，以丘脑和大脑皮层的相互作用为立足点，探索意识的神经相关物。但追根究底，神经相关理论所要解释的就是有意识经验，而物理解释在解释意识经验时遇到的困难愈加凸显出了意识科学中的难问题，即特定类型的神经过程如何产生特定类型的主观经验？有意识经验及其神经关联如何解释？

　　面对意识难问题，现象学早已暗流涌动，其意指从有意识经验凝结为有意识经验的现象特征，并从有意识知觉延伸到有意识思考。认知现象学的限制论肯定知觉经验的现象特征，如视觉、听觉、痛觉以及认知经验中的知觉成分。当主体进行有意识思考时，经验中所呈现的现象特征本质上是知觉的。但是，扩展论则将现象特征延伸到了认知，主体有意识思考时的认知经验有独特的现象特征，主体对命题内容、命题态度有自身的感受质性。在此之后，又出现了更为扩展的观点，即每一种有意识的经验都有其独特的现象特征。在某种程度上，这是对传统现象学的回归。布伦塔诺、胡塞尔等的现象学强调对意识经验的研究，特别是将有意识经验的现象等同于呈现于意识之中的现象。每一种独特的经验都有自身的现象特征，主体处于其中有独特的感受质性。特定经验的现象特征是意识在经验中的呈现方式。因此，现象特征是指对象在意识中被给予的方式。对于特定的意识经验中呈现的对象，胡塞尔谈到了意义的"视域"，并依此将主体的"周围世界"作为经验世界呈现出来。同样的，梅洛－庞蒂所说的主体的"现象场"，即以主体的身体为中心。这些解释增强了现象学在心灵哲学和意识理论中的作用。

基于传统的现象学思想，认知现象学提供了审视"现象心灵"和"意识心灵"之间关系的新视野，建构了联合现象特征与意向特征的现象意向性，形成了不可还原的认知现象学。除此之外，对于理解自然中的意识有更广泛的影响。在解释刺激性神经组织如何产生意识时，不仅着重于分析感官意识状态，也注意到了种种经验背后的神经状态与现象特征之间所难以逾越的解释鸿沟。假设思维也具有独特的现象特征，那么将如何看待意识难问题？悲观主义者可能担心接受认知现象学意味着填平了解释鸿沟和消解了难问题，但有意识的思维仍可能会受到知觉经验的困扰；乐观主义者支持认知现象学的不可还原解释的原因在于，它为填补解释鸿沟和解决意识难问题提供了新方法。诚然，对意识的研究在许多方面取得了进展，如寻找到了更科学的意识的神经基础以及获得了更丰富全面的经验数据，为深入全面地解释提供了空间，但认知现象学提醒我们对认知的基本特征的掌握仍然不够。因而，认知现象学也成为一个颇具前景的研究分支，仍有诸多问题和途径等待我们去解决和开拓。

参考文献

中文文献

〔美〕安东尼奥·达马西奥:《感受发生的一切——意识产生中的身体和情绪》,杨韶刚译,教育科学出版社,2007。

北京大学哲学系外国哲学史教研室编译《十六—十八世纪西欧各国哲学》,商务印书馆,1975。

〔加〕保罗·萨伽德:《心智:认知科学导论》,朱菁、陈梦雅译,上海辞书出版社,2012。

陈巍:《现象学的自然化运动:立场、意义与实例》,《科学技术哲学研究》2013年第5期。

陈熙:《"解释鸿沟"之畔:经验与理性的相望——评〈神经现象学:整合脑与意识经验的认知科学哲学进路〉》,《社会科学论坛》2017年第3期。

陈晓平:《从心—身问题看功能主义的困境》,《自然辩证法研究》2006年第12期。

陈志远:《情感内容是概念性的吗?——一种现象学的路径》,《哲学动态》2018年第1期。

〔法〕笛卡尔:《第一哲学沉思集》,庞景仁译,商务印书馆,1986。

〔新〕戴维·布拉登-米切尔:《心灵与认知哲学》,魏屹东译,科学出版社,2015。

〔美〕丹尼尔·丹尼特:《意识的解释》,苏德超、李涤非、陈虎平译,北京理工大学出版社,2008。

〔美〕丹尼尔·丹尼特:《心灵种种——对意识的探索》,罗军译,上海科学技术出版社,2010。

〔丹〕丹·扎哈维:《胡塞尔现象学》,李忠伟译,上海译文出版社,2007。

〔丹〕丹·扎哈维:《主体性和自身性:对第一人称视角的探究》,蔡文菁译,上海译文出版社,2008。

〔爱尔兰〕德尔默·莫兰:《现象学:一部历史的和批评的导论》,李幼蒸译,中国人民大学出版社,2017。

〔德〕埃德蒙德·胡塞尔:《纯粹现象学通论:纯粹现象学和现象学的观念》,李幼蒸译,人民大学出版社,2004。

〔德〕埃德蒙德·胡塞尔:《欧洲科学的危机与超越论的现象学》,王炳文译,商务印书馆,2017。

〔德〕埃德蒙德·胡塞尔:《现象学的观念》,倪梁康译,商务印书馆,2018。

〔德〕埃德蒙德·胡塞尔:《逻辑研究》第二卷,倪梁康译,上海译文出版社,2018。

〔德〕弗兰兹·布伦塔诺:《从经验立场出发的心理学》,郝亿春译,商务印书馆,2017。

费多益:《心身关系问题研究》,商务印书馆,2018。

费多益:《认知研究的现象学趋向》,《哲学动态》2007年第6期。

高新民:《心灵与身体:心灵哲学中的新二元论探微》,商务印书馆,2012。

高新民、储昭华主编《心灵哲学》,商务印书馆,2002。

高新民、耿子普:《感受性质发微》,《哲学动态》2017年第6期。

高新民、赵小娜:《思维与"感受性质"——认知现象学的"发现"与探索》,《社会科学战线》2017年第11期。

〔英〕吉尔伯特·赖尔:《心的概念》,徐大建译,商务印书馆,2009。

江怡:《当代西方分析哲学与现象学对话的现实性分析》,《厦门大学学报》(哲学社会科学版)2007年第5期。

〔德〕克劳斯·黑尔德:《世界现象学》,倪梁康等译,生活·读书·新知三联书店,2003。

黄益民:《意识感受性与反物理主义》,《哲学研究》2013年第12期。

李朝东:《知识起源的前述谓经验之现象学澄清》,《哲学研究》2005年第

3 期。

李恒威:《意识:从自我到自我感》,浙江大学出版社,2011。

李恒威、王小潞、唐孝威:《表征、感受性和言语思维》,《浙江大学学报》
　　2008 年第 5 期。

李建会、于小晶:《"4E + S":认知科学的一场新革命?》,《哲学研究》
　　2014 年第 1 期。

李金辉:《多维视域内的现象学研究》,人民出版社,2014。

李楠:《高阶信念理论如何解决关于意识的难问题》,《自然辩证法研究》
　　2012 年第 5 期。

李云飞:《现象学的原初经验问题》,《学术研究》2013 年第 8 期。

李侠:《论感受性在心理内容表征中的作用》,《自然辩证法研究》2015 年
　　第 4 期。

刘晓力:《交互隐喻与涉身哲学——认知科学新进路的哲学基础》,《哲学
　　研究》2005 年第 10 期。

刘晓力、孟伟:《交互式认知建构进路及其现象学哲学基础》,《中国人民
　　大学学报》2009 年第 6 期。

刘晓力:《当代哲学如何面对认知科学的意识难题》,《中国社会科学》
　　2014 年第 6 期。

刘晓青:《意识"难问题"的本质及其深层次问题研究》,《自然辩证法研
　　究》2012 年第 8 期。

李忠伟:《意向性是意识的本质属性吗——胡塞尔式观点及对心灵哲学挑
　　战的回应》,《学术研究》2014 年第 4 期。

〔法〕梅洛 - 庞蒂:《知觉现象学》,姜志辉译,商务印书馆,2001。

孟伟:《交互心灵的建构——现象学与认知科学研究》,中国社会科学出版
　　社,2009。

孟伟:《自然化现象学——一种现象学介入认知科学研究的建设性路径》,
　　《科学术哲学研究》2013 年第 2 期。

倪梁康:《意识的向度:以胡塞尔为轴心的现象学问题研究》,北京大学出
　　版社,2007。

倪梁康:《现象学及其效应——胡塞尔与当代德国哲学》,商务印书馆,

2014。

倪梁康：《胡塞尔现象学概念通释》，商务印书馆，2016。

庞学铨：《身体性理论：新现象学解决心身关系的新尝试》，《浙江大学学报》（人文社会科学版）2001 年第 6 期。

〔荷兰〕斯宾诺莎：《笛卡尔哲学原理》，王荫庭、洪汉鼎译，商务印书馆，2019。

宋禄华：《"感受质"问题和直接呈现理论》，《科学技术哲学研究》2016年第 2 期。

宋荣、高新民：《当代西方心灵哲学中的非概念内容范畴分析》，《自然辩证法研究》2010 年第 40 期。

宋荣：《当代西方心灵哲学中心理内容的表征维度》，《江汉论坛》2015 年第 5 期。

苏瑞：《自然主义的"感觉经验"概念——以麦克道尔和莱特等人为例对自然化理论的探究》，《自然辩证法研究》2017 年第 7 期。

〔美〕威廉·詹姆斯：《心理学原理》第一卷，方双虎等译，北京师范大学出版社，2019。

魏屹东等：《认知科学哲学问题研究》，科学出版社，2008。

魏屹东：《科学能够解释意识现象吗?》，《山西大学学报》（哲学社会科学版）2021 年第 1 期。

魏屹东：《人工智能会超越人类智能吗?》，《人文杂志》2022 年第 6 期。

王华平：《心灵与世界：一种知觉哲学的考察》，浙江大学出版社，2008。

王华平：《知觉经验是否有表征内容》，《厦门大学学报》（哲学社会科学版）2011 年第 6 期。

王华平：《心灵哲学中的意识与意向性》，《学术月刊》2011 年第 3 期。

王海琴：《胡塞尔视域中的自然主义意识研究认识论缺陷》，《自然辩证法研究》2015 年第 2 期。

王姝彦、申一涵：《现象意识与取用意识分界的再思考——兼评克里格尔对意识现象的分类》，《世界哲学》2018 年第 4 期。

〔美〕休伯特·德雷福斯：《计算机不能做什么：人工智能的极限》，宁春岩译，生活·读书·新知三联书店，1986。

徐献军：《身体现象学对认知科学的批判》，《科学技术与辩证法》2007 年第 6 期。

徐献军：《现象学对认知科学的贡献》，《自然辩证法通讯》2010 年第 3 期。

徐献军：《国外现象学与认知科学研究述评》，《哲学动态》2011 年第 8 期。

徐献军：《意识现象学在认知神经科学中的应用》，《同济大学学报》2011 年第 6 期。

殷杰、何华：《经验知识、心灵图景与自然主义》，《中国社会科学》2013 年第 5 期。

郁欣：《我们如何通达他人的意识？——发生心理学的进路与现象学的进路》，《哲学研究》2015 年第 2 期。

杨足仪、李娟仙：《意识研究中的二元论及其困境》，《自然辩证法研究》2017 年第 2 期。

〔美〕约翰·麦克道威尔：《心灵与世界》，韩林合译，中国人民大学出版社，2014。

〔美〕约翰·塞尔：《心灵的再发现》，王巍译，中国人民大学出版社，2005。

〔美〕约翰·塞尔：《当代心灵哲学导论》，高新民等译，中国人民大学出版社，2005。

〔美〕约翰·塞尔：《心灵导论》，徐英瑾译，上海人民出版社，2008。

周理乾：《认知科学需要去自然化现象学吗?》，《自然辩证法通讯》2018 年第 12 期。

张祥龙：《现象学导论七讲：从原著阐发原意》，中国人民大学出版社，2011。

张志平：《"人是什么"：一种语义学和现象学的分析》，《江海学刊》2015 年第 4 期。

英文文献

L. Baker, *Persons and Bodies: A Constitution View* (Cambridge: Cambridge University Press, 2000), pp. 60 – 67.

T. Bayne, M. Montague, "Cognitive Phenomenology: An Introduction," in T. Bayne and M. Montague (eds.), *Cognitive Phenomenology* (New York:

Oxford University Press, 2011), pp. 1 – 33.

T. Bayne, "Closing the Gap? Some Questions for Neurophenomenology," *Phenomenology and the Cognitive Sciences* 3 (2004): 349 – 364.

T. Bayne, M. Spener, "Introspective Humility," *Philosophical Issue* 20 (2010): 1.

N. Block, "On a Confusion about a Function of Consciousness," *Behavioral and Brain Sciences* 18 (1995): 227 – 287.

L. BonJour, *The Structure of Empirical Knowledge* (Cambridge, MA: Harvard University Press, 1985), p. 30.

D. Bourget, M. Angela, "Tracking Representationliam," in A. Bailey (ed.), *Philosophy of Mind: The Key Thinkers* (London: Bloomsbury Academic, 2014), pp. 209 – 235.

E. Bowden and M. Jung-Beeman, "Neural Activity When People Solve Verbal Problems with Insight," *PloS Biology* 2 (2004): 500 – 510.

D. Braddon-Mitchell and F. Jackson, *Philosophy of Mind and Cognition* (Oxford: Blackwell, 2007), p. 129.

B. Brogaard, "Do We Perceive Natural Kind Properties?" *Philosophical Studies* 162 (2013): 35 – 42.

T. Burge, "Individualism and the Mental," *Midwest Studies in Philosophy* 4 (1979): 73 – 121.

P. Carruthers, *The Opacity of Mind: An Integrative Theory of Self-Knowledge* (Oxford: Oxford University Press, 2011), pp. 192 – 222.

P. Carruthers, "Conscious Experience versus Conscious Thought," in P. Carruthers (ed.), *Consciousness: Essays from a Higher-Order Perspective* (Oxford: Oxford University Press, 2005), pp. 138 – 139.

P. Carruthers, *Phenomenal Consciousness: A Naturalistic Theory* (Cambridge: Cambridge University Press, 2000), p. 29.

Q. Cassam, *Self and World* (Oxford: Oxford University Press, 1997), pp. 117 – 128.

D. Chalmers, *The Conscious Mind: In Search of a Fundamental Theory* (New York: Oxford University Press, 1996), pp. 3 – 12, 17 – 31.

D. Chalmers, *The Character of Consciousness* (Oxford: Oxford University, 2010), p. 25.

D. Chalmers, "Does Conceivability Entail Possibility?" in T. Gendler and J. Hawthorne (eds.), *Conceivability and Possibility* (Oxford: Oxford University Press, 2002), pp. 145 – 150.

D. Chalmers, "The Representational Character of Experience," in B. Leiter (ed.), *The Future of Philosophy* (Oxford: Oxford University Press, 2004), pp. 153 – 181.

E. Chudnoff, *Cognitive Phenomenology* (New York: Routledge, 2015), pp. 15, 55 – 60.

E. Chudnoff, "The Nature of Intuitive Justification," *Philosophical Studies* 153 (2011): 313 – 333.

A. Clark, "An Embodied Cognitive Science?" *Trends in Cognitive Science* 9 (1999): 348.

T. Crane, "The Origins of Qualia," in T. Crane and T. Patterson (eds.), *History of the Mind-Body Problem* (London: Rouledge, 2001), pp. 169 – 194.

D. Dennett, *Consciousness Explained* (New York: Little, Brown and Company, 1991), pp. 44 – 45.

F. Dretske, *Naturalizing the Mind* (Cambridge: The MIT Press, 1995), pp. 1 – 2.

F. Dretske, *Seeing and Knowing* (Chicago: University of Chicago Press, 1969), p. 20.

K. Farkas, "Phenomenal Intentionality without Compromise," *The Monist* 91 (2008): 273 – 293.

O. Flanagan, *Consciousness Reconsidered* (Cambridge: The MIT Press, 1992), p. 67.

S. Gallagher, D. Zahavi, *The Phenomenological Mind: An Introduction to Philosophy of Mind and Cognitive Science* (London: Routledge, 2008), pp. 109 – 110.

A. Goldman, "Internalism Exposed," *The Journal of Philosophy* 96 (1999): 280 – 287.

S. Gould, "Deconstructing the 'Science Wars' by Reconstructing an Old Mold," *Science* 287 (2000): 253 – 261.

S. Harnad, "Symbol Grounding Problem," *Physica D: Nonlinear Phenomena* 42 (1990): 335 – 346.

T. Horgan, G. Graham, "Phenomenal Intentionality and Content Determinacy," in R. Schantz (ed.), *Prospects for Meaning* (Berlin: De Gruyter, 2012), pp. 321 –344.

T. Horgan, J. Tienson, "The Intentionality of Phenomenology and the Phenomenology of Intentionality," in D. Chalmers (ed.), *The Philosophy of Mind: Classical and Contemporary Readings* (Oxford: Oxford University Press, 2002), pp. 520 –533.

T. Horgan, J. Tienson, G. Graham, "Internal World Skepticism and the Self-presentional Nature of Phenomenal Consciousness," in U. Kriegel and K. Williford (eds.), *Self-representation Approaches to Consciousness* (Cambridge: The MIT Press, 2006), pp. 41 –61.

T. Horgan, J. Tienson and G. Graham, "The Phenomenology of First-person Agency," in S. Walter and H. D. Heckmann (eds.), *Physicalism and Mental Causation* (Imprint Academic, 2003), pp. 323 –341.

T. Horgan, J. Tienson, G. Graham, "Phenomenal Intentionality and the Brain in a Vat," in R. Schantz (ed.), *The Externalist Challenge* (Berlin: Walter De Gruyter. 2004), pp. 297 –318.

M. Huemer, *Skepticism and the Veil of Perception* (New York: Rowman & Littlefield Publishers, 2001), pp. 1 –6.

R. Hurlburt, S. Akhter, "Unsymbolized Thinking," *Consciousness and Cognition* 17 (2008): 1364 –1374.

E. Husserl, *Logical Investigations*, trans. by D. Moran (London: Routledge, 2001), p. 84.

E. Husserl, *Ideas Pertaining to A Pure Phenomenology and to A Phenomenological Philosophy*, trans. by F. Kersten (The Hague: Nighoff, 1983), p. 78.

A. Jack, A. Roepstorff, "Introspection and Cognitive Brain Mapping: From Stimulus-response to Script-report," *Trends in Cognitive Science* 6 (2015): 333.

J. Kim, *Philosophy of Mind* (Colorado: Westview Press, 2011), pp. 267 – 280.

J. Kim, *Mind in a Physical World: An Essay on the Mind-Body Problem and Mental Causation* (Oxford: Oxford University Press, 2000), pp. 10 – 125.

U. Kriegel, *The Varieties of Consciousness* (New York: Oxford University Press, 2015), pp. 6, 47 – 70.

U. Kriegel, *The Source of Intentionality* (New York: Oxford University Press, 2011), pp. 9 – 51.

U. Kriegel, "Phenomenal Intentionality Past and Present: Introductory," *Phenomenology and the Cognitive Sciences* 12 (2013): 437 – 444.

U. Kriegel, "A Hesitant Defense of Introspection," *Philosophical Studies* 165 (2013): 1166.

H. Langsam, "Experience, Thoughts, and Qualia," *Philosophical Studies* 99 (2000): 269 – 295.

C. I. Lewis, *Mind and The World Order: Outline of a Theory of Knowledge* (New York: Charles Scribner's Son, 1929), p. 121.

J. Levine, "On the Phenomenology of Thought," in T. Bayne and M. Montague (eds.), *Cognitive Phenomenology* (Oxford: Oxford University Press, 2011), pp. 103 – 120.

J. Levine, "Materialism and Qualia: The Explanatory Gap," *Pacific Philosophical Quarterly* 64 (1983): 354 – 361.

B. Loar, "Subjective Intentionality," *Philosophical Topics* 15 (1987): 89 – 124.

E. Lormand, "The Explanatory Stopgap," *The Philosophical Review* 113 (2004): 303 – 357.

W. Lycan, *Consciousness and Experience* (Cambridge: The MIT Press, 1996), p. 77.

W. Lyons, *Approaches to Intentionality* (Oxford: Oxford University Press, 1995), pp. 3 – 4.

C. McGinn, "Consciousness and Content," *Proceedings of the British Academy* 74 (1989): 219 – 239, 225 – 245.

D. Milner, M. Goodale, *The Visual Brain in Action* (New York: Oxford University, 1995), pp. 25 – 66.

G. E. Moore, *Some Main Problems of Philosophy* (London: Allen and Unwin, 1953), p. 57.

M. Montague, "The Logic, Intentionality, and Phenomenology of Emotion," *Philosophy Studies* 145 (2009): 171 – 192.

S. Nagatake, S. Hirose, "Phenomenology and the Third Generation of Cognitive Science: Towards a Cognitive Phenomenology of the Body," *Human Studies* 30 (2007): 227.

T. Nagel, "What Is It Like to Be a Bat?" *The Philosophical Review* 83 (1974): 435 – 450.

S. Nichols and S. Stich, *Mindreading: An Integrated Account of Pretence, Self-awareness, and Understanding Other Minds* (New York: Oxford University Press, 2003), pp. 150 – 200.

J. O'Regan, "The Feel of Seeing," *Trends in Cognitive Sciences* 5 (2001): 278 – 279.

A. Pautz, "Does Phenomenology Ground Mental Content?" in U. Kriegel (ed.), *Phenomenal Intentionality* (Oxford: Oxford University Press, 2013), p. 219.

D. Pitt, "The Phenomenology of Cognition or What Is It Like to Think that P?" *Philosophy and Phenomenological Research* 69 (2004): 1 – 36.

D. Pitt, "Introspection, Phenomenality, and the Availability of Intentional Content," in T. Bayne and M. Montague, eds., *Cognitive Phenomenology* (New York: Oxford University Press, 2011), pp. 141 – 173.

J. Prinz, "Is Attention Necessary and Sufficient for Consciousness?", in A. Brook and K. Akins (eds.), *Cognition and the Brain: The Philosophy and Neuroscience Movement* (New York: Cambridge University Press, 2011), pp. 174 – 203.

J. Prinz, *The Conscious Brain: How Attention Engenders Experience* (New York: Oxford University Press, 2014), pp. 69 – 122.

H. Putnam, *Reason, Truth and History* (Cambridge: Cambridge University Press, 1981), p. 18.

H. Putnam, "The Meaning of Meaning," *Minnesota Studies in the Philosophy of Science* 7 (1975): 131 – 193.

D. Rosenthal, *The Nature of Mind* (New York: Oxford University Press, 1991), p. 289.

M. Rowlands, *The New Science of the Mind: From Extended Mind to Embodied Phenomenology* (Cambridge: The MIT Press, 2010), pp. 55 – 70.

E. Schwitzgebel, "The Unrealiability of Naive Introspection," *Philosophical Review* 2 (2008): 259.

J. Searle, *Mind, Language and Society* (New York: Basic Books, 1988), p. 56.

J. Searle, "The Phenomenological Illusion," in J. Searle (ed.), *Philosophy in a New Century: Selected Essays* (New York: Cambridge University Press, 2008), p. 107.

J. Searle, "Consiousness, Unconsciousness and Intentionality," *Philosophical Issues* 1 (1991): 45 – 66.

J. Searle, "Minds, Brains, and Programs," *The Behavioral and Brain Sciences* 3 (1980): 417 – 457.

J. Searle, "Socal Ontology: Some Basic Principles," in J. Searle (ed.), *Philosophy in a New Century: Selected Essays* (New York: Cambridge University Press, 2008), pp. 14 – 25.

A. Schutz, T. Luckmann, *The Structures of the Life-world* (Evanston, IL: Northwestern University Press, 1973), pp. 21 – 98.

C. Siewert, *The Significance of Consciousness* (Princeton, New Jersey: Princeton University Press, 1998), pp. 85 – 93, 221, 276 – 277.

C. Siewert, "Phenomenal Thought," in T. Bayne and M. Montague (eds.), *Cognitive Phenomenology* (New York: Oxford University Press, 2011), pp. 243 – 247.

C. Siewert, "On the Phenomenology of Introspection," in D. Smithies and D.

Stoljar (eds.), *Introspection and Consciousness* (Oxford: Oxford University Press, 2012), pp. 129 – 168.

J. J. C. Smart, "Sensations and Brain Processes," *The Philosophical Review* 68 (1959): 141 – 156.

D. Smithies, "A Simple Theory of Introspection," in D. Smithies and D. Stoljar (eds.), *Introspection and Consciousness* (New York: Oxford University Press, 2012), pp. 259 – 294.

D. Smithies, "The Nature of Cognitive Phenomenology," *Philosophy Compass* 8 (2013): 731 – 743, 744 – 754.

R. Solomon, *Thinking about Feeling*: *Contemporary Philosophers on Emotions* (New York: Oxford University Press, 2004), pp. 183 – 199.

C. Solomon, "The Logic of Emotion," *Noûs* 11 (1977): 41 – 49.

M. Spener, "Disagreement about Cognitive Phenomenology," in T. Bayne and M. Montague (eds.), *Cognitive Phenomenology* (Oxford: Oxford University Press, 2011), p. 280.

G. Strawson, *Real Materialism and Other Essays* (Oxford: Oxford University Press, 2008), pp. 53 – 74.

G. Strawson, *Mental Reality* (Cambridge: The MIT Press, 2010), pp. 2 – 13.

G. Strawson, "Cognitive Phenomenology: Real Life," in T. Bayne and M. Montague (eds.), *Cognitive Phenomenology* (New York: Oxford University Press, 2011), pp. 286 – 294.

M. Tomassello, "The Key is Social Cognition," in D. Gentner and S. Goldin-Meadow (eds.), *Language in Mind* (Cambridge: The MIT Press, 2003), pp. 47 – 57.

A. Turing, "Computing Machinery and Intelligence," *Mind* 59 (1950): 433 – 460.

M. Tye and B. Wright, "Is There a Phenomenology of Thought," in T. Bayne and M. Montague (eds.), *Cognitive Phenomenology* (New York: Oxford University Press, 2011), pp. 326 – 343.

M. Tye, *Ten Problems of Consciousness*: *A Representational Theory of the Phe-*

nomenal Mind (Cambridge: The MIT Press, 1995), pp. 3, 20, 53.

S. Watzl, *Structuring Mind: The Nature of Attention & How it Shapes Consciousness* (Oxford: Oxford University Press, 2017), pp. 153 – 284.

T. Williamson, *The Philosophy of Philosophy* (Oxford: Blackwell, 2008), pp. 48 – 133.

图书在版编目（CIP）数据

认知现象学的不可还原解释 / 杜雅君著. -- 北京：
社会科学文献出版社, 2024.1 (2024.12 重印)
（认知哲学文库）
ISBN 978 - 7 - 5228 - 3065 - 0

Ⅰ.①认⋯　Ⅱ.①杜⋯　Ⅲ.①现象学 - 研究　Ⅳ.
①B81 - 06

中国国家版本馆 CIP 数据核字 (2024) 第 005296 号

认知哲学文库
认知现象学的不可还原解释

著　　者 / 杜雅君

出 版 人 / 冀祥德
责任编辑 / 周　琼
文稿编辑 / 周浩杰
责任印制 / 王京美

出　　版 / 社会科学文献出版社·马克思主义分社 (010) 59367126
　　　　　地址：北京市北三环中路甲 29 号院华龙大厦　邮编：100029
　　　　　网址：www. ssap. com. cn
发　　行 / 社会科学文献出版社 (010) 59367028
印　　装 / 唐山玺诚印务有限公司

规　　格 / 开本：787mm × 1092mm　1/16
　　　　　印张：11　字数：175 千字
版　　次 / 2024 年 1 月第 1 版　2024 年 12 月第 2 次印刷
书　　号 / ISBN 978 - 7 - 5228 - 3065 - 0
定　　价 / 79.00 元

读者服务电话：4008918866